元素
單字大全

13か国語の周期表から解き明かす　元素単

作者——原島廣至

監修——岩村秀

譯者——李依珊

楓書坊

Gensotan

Word Book of Periodic Table of Chemical Elements

First Edition

Supervisor

^{1}H ^{53}I ^{53}I Zu　^{53}I ^{74}W ^{95}Am ^{92}U ^{88}Ra

Hiizu Iwamura

Author

^{1}H ^{77}Ir ^{76}Os ^{1}H ^{53}I　^{1}H ^{18}Ar ^{33}As ^{1}H ^{53}I Ma

Hiroshi Harashima

　　1661年羅伯特‧波以耳定義「所謂元素，與混合物或化合物不同，是無法經過實驗進一步分離的單純物質」；安圖萬‧拉瓦節也說過「所謂元素，是利用化學分析手法到達無法再分割程度的單質」。遵循此想法，科學家會試著從混合物中分離，或是從化合物中取出新元素。

　　原子序從1到92號的元素除了4個元素（43-鎝Tc、61-鉕Pm、85-砈At、87-鍅Fr），或多或少都存在於自然界中。然而原子序93以後的元素（超鈾元素）全都具放射性，半衰期與地球的年齡相較之下非常短，換句話說，即使這些元素在地球誕生時便已存在，也在很久之前便消失了。因此為了找出這些元素，必須使用加速器撞擊原子，或是採用中子或 γ 射線撞擊原子等等方法，以完全人工的技術製造出這些元素。

　　首先來看原子序93的錼Np與94的鈽Pu，是由加州大學柏克萊分校的格倫‧西博格等人以中子撞擊原子序92的鈾U所合成。中子打進鈾U的原子核後，反覆發生 β 衰變，依序生成錼與鈽（西博格博士提供的照片、親筆寫的核反應式及簽名如右圖）。

　　正文一開始介紹了理化學研究所仁科加速器科學研究中心超重元素研究團隊發現元素鉨Nh的故事，森田教授等人2004年用直線加速器，將加速到大約30,000 km/s的鋅70（$^{70}_{Zn}$）撞擊鉍209（$^{209}_{Bi}$），藉此成功合成了「第113號元素」。2005年延續研究，2012年8月時第3度成功合成元素鉨，並且確認了新的衰變途徑。這是關係到「確定」發現新元素的成果。

　　原島廣至先生整理了自己的元素收藏（請參考p.57、p.130），為了取得讓自己滿意的數個焰色反應，拜訪了大學研究室。在下被他身為作者的誠摯態度所感動，樂意接下監修一職。元素的發現與命名蘊含著眾多浪漫事蹟，沉浸其中的同時，若讀者能拿起這本可謂集元素週期表知識於大成的書籍，實踐包羅萬象的使用方法，在下深感萬幸。

2019年9月

岩村　秀

序言

　　筆者小學高年級時喜歡默背東西，總之有興趣就背，任何範疇來者不拒，甚至挑戰默背上百個內容。百人一首、百位數圓周率、天皇124代、大腦腦溝名稱、太陽系行星與其衛星的名字，還有當時103個左右已知元素的名字等等，都是筆者的目標。當時筆者還不知道有「すい（H）へー（He）りー（Li）べー（Be）ほ（B）く（C）の（NO）ふ（F）ね（Ne）（海軍戀人我的船）」這種元素表之歌，硬是照順序背「氫、氦、鋰、鈹……」，雖然辛苦，也沒什麼不方便（不過現在即使想照做也沒辦法了）。話說回來，當時筆者並不在意元素語源名稱之類的。到了高中時，想說來讀原文聖經，便自行學習古希臘語，託此之福，筆者發現許多源自希臘語的元素名稱光憑藉著拼法即可類推其語源。接著一個個單詞有如從枯燥乏味的黑白照片轉變成色彩鮮豔的彩色照片一般，變得意義深厚。希臘語真恐怖啊！

　　後來又經過數十年歲月，筆者成為歷史、科學作家，出版了小學時有興趣主題的相關書籍，例如《百人一首今昔散步》和《＋－×÷的起源》（KADOKAWA）、《圖解大腦單字大全》（楓書坊）等等，接著終於輪到元素上場。筆者從十多年前起已有元素書的構想，不過醞釀這靈感太久，這段期間也出了好幾本內容有關元素的有趣書籍。總之，能淺顯傳達元素語源有趣之處，又色彩繽紛的圖文書頗為少見。本書限於篇幅無法詳細敘述語源相關事項，所以會以大家熟悉的片假名標註與元素名稱由來的相關重點，再附上照片或插圖概略解說，這本元素書的目的就是讓大家光是用看的，便能在不知不覺間熟悉元素符號。不僅如此，書中也會介紹一些發現元素時好玩的軼事。此外，也會用插圖表示元素與天體的關係、元素與神話的關係，以及元素與顏色的關係等等。再者，後半處各種語言的週期表，放眼望去應該會有各種發現才對。若讀者能透過本書對元素產生更深一層的興趣，筆者再高興不過了。

　　最後，由於NTS股份有限公司的吉田隆社長、鈴木祐司先生贊同企畫，本書才能順利發行。岩村秀教授爽快答應監修，除了給予元素相關資料及其他各方面珍貴的指教，也為本書提筆寫下趣味盎然的專欄。堀場正彥先生身為助手，為製作本書全方面貢獻；校正各語言週期表交由谷川宗壽先生負責，田中李奈女士則負責製作插圖及整體校正。筆者在此向鼎力相助的各位，由衷表達感謝之意。

2019年9月

原島 廣至

目次

元素語源

6

語言標示及語源相關各注意事項

●**英語的片假名標示** 之所以刻意不單純用音標，而用片假名標示，是為了讓不熟悉音標的讀者更方便使用。若是已熟悉英語的讀者，筆者會很開心見到讀者可以跳過片假名標示。

●**英語或德語的大寫與小寫** 基本上，本文元素字首會以小寫標示（英語、拉丁語、希臘語皆是）。然而德語的名詞無論在文章何處，字首皆是大寫，因此本書中的德語詞彙字首為大寫。

●**英語詞彙發音之標示** 本書中的英語發音標示並非完全按照IPA（國際音標），應該說更接近Jones式音標，正如給初學者使用的英語辭典一般，採用較簡略的音標註記。英語之外的語言也是，從詳細到簡易的音標都有，而本書盡量依循簡易的標示法。此外，發音若有變化，會與主要發音一同列出，但礙於篇幅無法一一列舉。

●**英語與美語** 本書的標示為美語，而非英式英語。而央元音等，會盡可能在不勉強、可接受的範圍內，選擇容易聯想到拼法的發音來標示。

●**希臘語** 本書中標示為希臘語時，指的並非現代希臘語，而是古典時期的發音。若是現代希臘語，則會明白寫成「現代希臘語」。希臘語的發音隨時代變化而異，也有地區之不同。整體來說，發音會隨著時代演進，逐漸收斂、單純化，現代的i、u、h、ei、oi、ui都發「i」的音（i音化，itacism）就是一個例子。本書的發音標示法為求便利採用伊拉斯莫斯式，比起時代連貫性，本書更重視發音要容易想起拼法。希臘語的子音中，若在古典期φ的標示較接近パ（Pa）行，容易與π的發音混淆，為求簡便所以音譯為ファ（Fa）行。此外還有χ的發音（無聲軟顎摩擦音），有人會譯為カ（Ka）行或ハ（Ha）行的音，而本書則標示為カ行。此外，用片假名標示不太能知道原本的希臘語是什麼，因此會盡可能連同希臘語拼法一同標示。

●**希臘語的雙重母音** 其長音化，甚至短音化很早就產生了（ai→[e]、ei→[i]），本書會按照古典期雙重母音的發音標示。不過ou方面，則會以伊拉斯莫斯式發音為準，標為[u:]。

●**拉丁語** 解說中若字詞標示為拉丁語，則表示為古典時期拉丁語的發音（例如拉丁語fundus フンドゥス〔fundousu〕）。

●**拉丁語的h** 拉丁語的字音h早期是失去發音的（因此拉丁語後代的法語或西班牙語等，h不發音）。話雖如此，但本書為求便利，h會發音。

●**拉丁語的母音長短** 有關拉丁語的母音長短，即使同個字詞見解也會隨字典不同而異，尚請見諒。

●**人名標示方面** 若人名以該人物出生國家的語言發音，有的會與日本所認識的唸法不同（尤其是瑞典人），此時會以日本較熟悉的發音為準。

●**說明語源方面** 說明語源時，有時存在好幾種語源，本書僅會列出代表性的說法。語源越回溯越多，解說也會越長，只有在回溯到原始印歐語可見其趣味時，才會提到原始印歐語。

元素之發現與週期表

岩村 秀

　　2016年6月8日，由發現者森田浩介（九州大學研究所教授、理化學研究所仁科加速器科學研究中心超重元素研究團隊森田浩介團隊總監）等人，將第113號元素命名為鉨（Nihonium，元素符號Nh）。這是先由國際純化學暨應用化學聯合會（簡稱IUPAC）這個全球性的化學聯盟認可了森田等人發現的優先權，再承認其命名權而來的。IUPAC也在同一天，發表接受下列4種元素新命名的提案。

第113號元素　Nihonium　　元素符號　Nh
第115號元素　Moscovium　　元素符號　Mc
第117號元素　Tennessine　　元素符號　Ts
第118號元素　Oganesson　　元素符號　Og

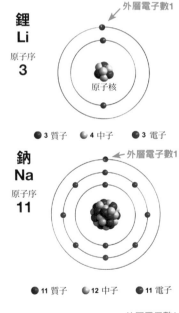

鋰
Li
原子序
3
外層電子數1
原子核

● 3 質子　● 4 中子　● 3 電子

鈉
Na
原子序
11
外層電子數1

● 11 質子　● 12 中子　● 11 電子

　　公眾評論開放到2016年11月8日，之後經由IUPAC的無機化學部會審議，於11月28日確定認可。

　　元素是構成物質的基礎成分。元素最小的單位為原子，而原子又由帶正電的原子核及帶負電的電子所形成。週期表是按照原子核所含質子數（原子序）來依序排列元素，而週期律則由與原子價或電荷關係密切的電子殼層構造與外側殼層電子數所產生，比方說鋰、鈉、鉀的原子各具有3、11、19個電子，而每個原子最外側殼層都只有1個電子。一旦釋放這個電子，只剩下內側殼層的電子（以此處例子來說各為2、10、18個）成對，整體也會變得穩定。換句話說，這些原子都具有容易釋放1個電子、形成陽離子的性質，呈現各差8個電子的週期性。

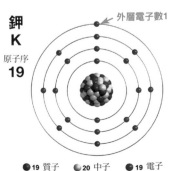

鉀
K
原子序
19
外層電子數1

● 19 質子　● 20 中子　● 19 電子

19世紀初到20世紀初解明了原子結構的敘述方式——原子由原子核及電子構成，原子核又是由質子及中子（還有其他粒子）所構成的。然而在此之前，也就是從19世紀初起，化學家主張原子說與分子說，沒多久便發現了週期律。

1803年，《Manchester Literary and Philosophical Society》這本學術期刊上刊出了約翰・道耳吞的原子說。道耳吞認為水的質量87％為氧、13％為氫，為雙原子分子HO，若依照比例將氫的原子量當作1，氧原子量則為5.6。該原子量表刊登於上述期刊，當時已發現約30種元素，爾後氧的原子量訂正為7。

約翰・道耳吞
John Dalton（1766-1844）
英國化學家、物理學家，
主張原子說。

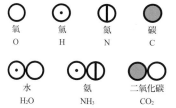

根據道耳吞發想的元素表示法
來標示代表性的分子。

阿密迪歐・亞佛加厥
Amedeo Avogadro
（1776-1856）
薩丁尼亞王國
（如今義大利的一部分）
的物理學家、化學家。

1811年，阿密迪歐・亞佛加厥提出假說：固定溫度與壓力下，固定容積所含的氣體分子數不會隨元素種類而改變。經過2容積氫與1容積氧產生2容積水蒸氣的反應證明，氧與氫是雙原子分子的O_2、H_2，水是H_2O的想法很合理。當時以氣體的體積進行化學反應之實驗精確度，高於以質量進行的實驗。

1858年，斯坦尼斯勞・坎尼乍若藉由測量氣體密度（每單位容積氣體的質量），證明亞佛加厥定律是合理的，他也主張為了求得未知元素的原子量，必須調查含有大量該元素的化合物分子量，求得元素量的最大公約數，以作為該元素的原子量。如此一來，不僅重新檢視了亞佛加厥的成就，同時也提供了建構週期表基礎的資料。

斯坦尼斯勞・坎尼乍若
Stanislao Cannizzaro
（1826-1910）
義大利化學家、政治家。

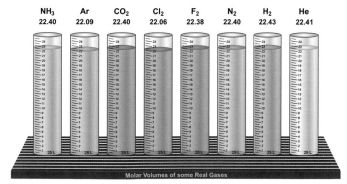

實際氣體的莫耳體積（理想氣體在0℃、1.013 × 105 Pa下，1L氣體為22.4 L/mol）。
※氣體並未如圖片中著色。

最終氣體元素氫、氮、氧等確認為雙原子分子，而表示原子重量的質量數則定為氫 H 1、碳 12、氧 16。

1860年於德國卡爾斯魯厄首次召開化學國際會議，會議上介紹了亞佛加厥定律，也介紹了原子量決定法與新的原子量體系。德米特里‧伊瓦諾維奇‧門德列夫當時利用在德國留學的機會，出席本次國際會議，他強烈相信可從原子量預測該元素象徵性的特性。門德列夫回國後執筆編寫教科書，此時元素種類已增加到60種，他著手製作這些元素的分類表。首先依照原子量排列，門德列夫注意到每8個元素便會反覆出現化學上的相似性（原子價〔原子反應時的化學鍵數〕及物理上的性質），於是在1869年時發表了最早的元素週期表。按照原子量大小排列已知元素，如有位置重疊或是元素性質的順序亂掉之情形，便在表中留下空白，或是將原子量打上問號，比方他預測，原子量從65到75之間，絕對存在著化學性質類似鋁及矽的元素。之後在門德列夫週期表留下空位並預測的地方，於1875年發現了第31號元素鎵 ；1886年發現了第32號元素鍺，如此一一發現新元素，提高了門德列夫週期表的可信度。

2019年是從1869年算起的第150年，而元素是所有物質的根源，有鑑於以研究元素化學以及物理學為首的基礎科學，是社會持續發展不可或缺的一部分，UNESCO與聯合國共同將2019年定為國際週期表年（International Year of the Periodic Table of Chemical Elements 2019；IYPT 2019）。

德米特里‧門德列夫
Dmitrij Mendelejev
（1834-1907）
俄國化學家，
提出週期表的人。

門德列夫的週期表（1869）

與現今的週期表相反，分族是橫向、週期縱向排列。

			鈦 = 50	鋯 = 90	? = 180
			釩 = 51	鈮 = 94	鉭 = 182
			鉻 = 52	鉬 = 96	鎢 = 186
			錳 = 55	釕 = 104.4	鉑 = 197.4
			鐵 = 56	銠 = 104.4	銥 = 198
		鎳 = 鈷 = 59	鈀 = 106.6	鋨 = 199
氫 = 1			銅 = 63.4	銀 = 108	汞 = 200
	鈹 = 9.4	鎂 = 24	鋅 = 65.2	鎘 = 112	
	硼 = 11	鋁 = 27.4	鎵 = 68	鈾 = 116	金 = 197?
	碳 = 12	矽 = 28	鍺 = 70	錫 = 118	
	氮 = 14	磷 = 31	砷 = 75	銻 = 122	鉍 = 210?
	氧 = 16	硫 = 32	硒 = 79.4	碲 = 128?	
	氟 = 19	氯 = 35.5	溴 = 80	碘 = 127	
鋰 = 7	鈉 = 23	鉀 = 39	銣 = 85.4	銫 = 133	鉈 = 204
		? = 40	鍶 = 87.6	鋇 = 137	鉛 = 207
		? = 45	釔 = 92		
		鉺 = 56	鑭 = 94		
		釹 = 60	鏑 = 95		
		銦 = 75.6	釷 = 118?		

日本的小川正孝博士從開採自錫蘭島的礦物中，發現了X光放射光譜上前所未見的元素。小川博士先跟留學地倫敦大學的威廉·拉姆賽討論，之後於1908年在英國化學雜誌《Chemical News and Journal of Physical Sciences》上發表報告，指稱發現了新元素Nipponium，此為第43號的錳族元素，可填補鉬與釕間的空位，其原子量約為100。報告一出引起熱烈迴響，歐洲學界由於拉姆賽的支持接受了這件事。1909年羅林的週期表※中刊載了「Nipponium」，元素符號為Np（請參閱附表）。然而Nipponium之後便沒了消息，此一發現也被打上問號，甚至羅林的週期表修訂版中也把這元素拿掉了。1936年，使用迴旋加速器發現了第43號元素鎝，Nipponium就此消失。

小川 正孝
（1865-1930）
日本化學家、東北大學校長。

到了1997年，東北大學的吉原賢二博士仔細檢視小川博士等人留下的實驗結果，東京大學的木村健二郎接受委託，發現有留下先前測定的X光光譜照片。吉原博士分析這些照片，徹底調查證實了週期表下一列的第75號元素錸之存在。若於此時提出Nipponium，便是日本最早發現的元素，應該會保留在今日的週期表中。第75號元素是在1925年，由伊妲·諾達克所發現，取名為錸（Rhenium，Re）。

而元素符號Np後來為1940年發現、最早的超鈾元素第93號元素錼所使用。同年，理化學研究所（理研）獨自進行拿掉鈾238（238U）中1個中子的實驗，並成功合成鈾237（237U）。從此β衰變中可知會產生錼237（237Np），仁科芳雄博士因此發現了第93號元素。然而當時的理研無法分離該元素，所以此發現不被承認，無法成為第2個Nipponium。第113號元素是由理化學研究所仁科加速器研究中心超重元素研究團隊發現，意義特別深重（發現鉨的經過請參考http://www.nishina.riken.jp/113/history.html）。

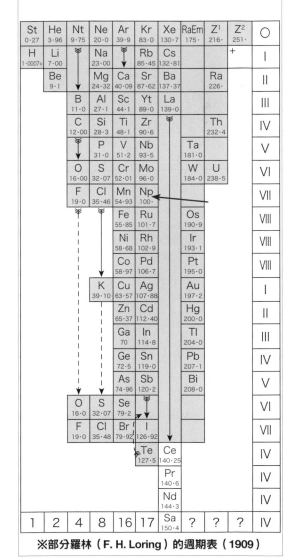

※部分羅林（F. H. Loring）的週期表（1909）

橫向為分族、縱向為週期。
紅色箭頭處是Nipponium（Np）。

門德列夫時期的元素

門德列夫的週期表（1871）

1869年最早發表的週期表，排列的橫向為分族、縱向為週期；而2年後發表的週期表則與現今的相同，縱向為分族、橫向為週期。

Reihen	Gruppe I. — R²O	Gruppe II. — RO	Gruppe III. — R²O³	Gruppe IV. RH⁴ RO²	Gruppe V. RH³ R²O⁵	Gruppe VI. RH² RO³	Gruppe VII. RH R²O⁷	Gruppe VIII. — RO⁴
1	H=1							
2	Li=7	Be=9.4	B=11	C=12	N=14	O=16	F=19	
3	Na=23	Mg=24	Al=27.3	Si=28	P=31	S=32	Cl=35.5	
4	K=39	Ca=40	—=44	Ti=48	V=51	Cr=52	Mn=55	Fe=56, Co=59, Ni=59, Cu=63
5	(Cu=63)	Zn=65	—=68	—=72	As=75	Se=78	Br=80	
6	Rb=85	Sr=87	?Yt=88	Zr=90	Nb=94	Mo=96	—=100	Ru=104, Rh=10?, Pd=106, Ag=1?
7	(Ag=108)	Cd=112	In=113	Sn=118	Sb=122	Te=125	J=127	
8	Cs=133	Ba=137	?Di=138	?Ce=140	—			— — — —
9	(—)							
10	—		?Er=178	?La=180	Ta=182	W=184		Os=195, Ir=197, Pt=198, Au=1?
11	(Au=199)	Hg=200	Tl=204	Pb=207	Bi=208			
12	—	—		Th=231	—	U=240		— — — —

H氫 原子量 1
1 1766年 H氫 原子量 1

Li鋰 原子量 7
3 1817年 Li鋰 原子量 7

Be鈹 原子量 9.4
4 1798年 Be鈹 原子量 9.0

Na鈉 原子量 23
11 1807年 Na鈉 原子量 23

Mg鎂 原子量 24
12 1808年 Mg鎂 原子量 24

K鉀 原子量 39
19 1807年 K鉀 原子量 39

Ca鈣 原子量 55
20 1808年 Ca鈣 原子量 40

???? 原子量 45
21 1879年 Sc鈧 原子量 45

Ti鈦 原子量 50
22 1795年 Ti鈦 原子量 48

V釩 原子量 51
23 1830年 V釩 原子量 51

Cr鉻 原子量 52
24 1797年 Cr鉻 原子量 52

Mn錳 原子量 55
25 1774年 Mn錳 原子量 55

Fe鐵 原子量 56
26 自古便有 Fe鐵 原子量 56

Co鈷 原子量 59
27 1735年 Co鈷 原子量 58.9

Rb銣 原子量 85.4
37 1861年 Rb銣 原子量 85.5

Sr鍶 原子量 87.6
38 1808年 Sr鍶 原子量 87.6

Yt?釔 原子量 60
39 1794年 Y釔 原子量 89

Zr鋯 原子量 90
40 1789年 Zr鋯 原子量 91

Nb鈮 原子量 94
41 1869年 Nb鈮 原子量 93

Mo鉬 原子量 96
42 1781年 Mo鉬 原子量 96

尚未發現
43 1937年 Tc鎝 原子量 98

Ru釕 原子量 104.4
44 1844年 Ru釕 原子量 101.1

Rh銠 原子量 104.4
45 1803年 Rh銠 原子量 103.0

Cs銫 原子量 133
55 1860年 Cs銫 原子量 133

Ba鋇 原子量 137
56 1808年 Ba鋇 原子量 137

鑭系元素

???? 原子量 180
72 1922年 Hf鉿 原子量 178

Ta鉭 原子量 182
73 1774年 Ta鉭 原子量 181

W鎢 原子量 186
74 1869年 W鎢 原子量 184

尚未發現
75 1925年 Re錸 原子量 186

Os鋨 原子量 199
76 1803年 Os鋨 原子量 190

Ir銥 原子量 198
77 1803年 Ir銥 原子量 192

尚未發現
87 1939年 Fr鍅 原子量 223

尚未發現
88 1898年 Ra鐳 原子量 226

錒系元素

鑭系元素
La鑭 原子量 94
57 1839年 La鑭 原子量 139

Ce鈰 原子量 92
58 1803年 Ce鈰 原子量 140

尚未發現
59 1885年 Pr鐠 原子量 141

尚未發現
60 1885年 Nd釹 原子量 144

尚未發現
61 1945年 Pm鉕 原子量 145

尚未發現
62 1879年 Sm釤 原子量 150

錒系元素
尚未發現
89 1899年 Ac錒 原子量 227

Th釷 原子量 118?
90 1828年 Th釷 原子量 232

尚未發現
91 1917年 Pa鏷 原子量 213

Ur鈾 原子量 116
92 1789年 U鈾 原子量 238

尚未發現
93 1940年 Np錼 原子量 237

尚未發現
94 1941年 Pu鈽 原子量 244

大多數元素幾乎都是在同時期發現，但很少由不同國家的科學家攜手合作。不過話說回來，一旦開發出分析元素的新方法，各地都會出現想到利用該方法的科學家，因此究竟誰是第一位發現者，經常會隨著國情不同，見解出現歧異。

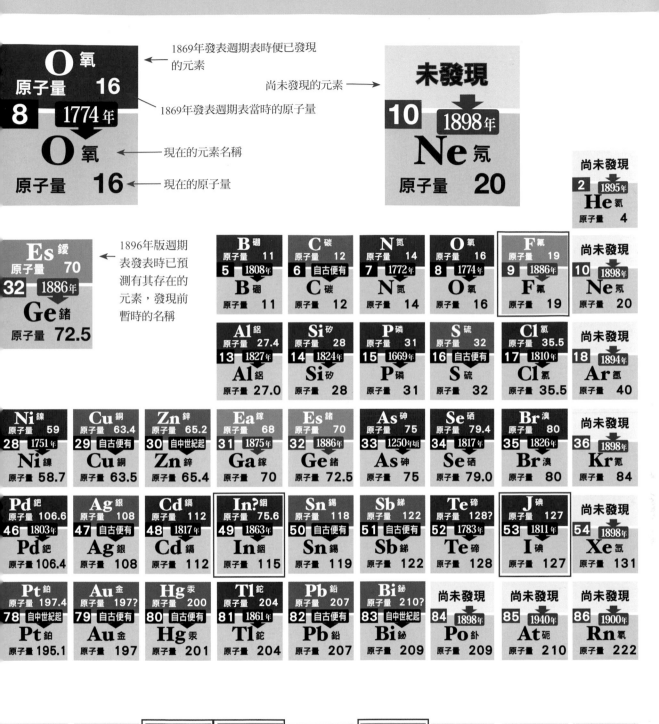

週期表的分族

金屬 Metal　非金屬 Nonmetal

金屬元素的單質有光澤，富含導電性、延展性。
非金屬元素則指金屬元素以外的元素。

鑭系元素 Lanthanoid
錒系元素 Actinoid

超鑭系元素 Transactinide elements
（超重元素 Superheavy elements）

超鈾元素 Transuranium elements

類金屬 Metalloids

類金屬指的是性質介於金屬與非金屬中間的元素，其中並未明確包含哪個元素，有人將砷硒算在內，也偶有少數人將碳及鋁視為類金屬。

過渡元素 transition elements　典型元素 Typical elements

過渡元素是第3～11族元素的總稱。
也有人將第12族元素算在過渡元素內。

稀土類指的是第3族元素（包含鑭系元素在內），翻譯自英語Rare Earth Element（縮寫REE，綠底處）。稀有金屬不僅包含稀土類，也指地殼中存在量相對稀少，挖掘、精煉成本高所以流通量小的非鐵金屬。工業上一般指的是30種金屬礦及稀土類（米色加上綠色底的部分）。

稀土類 Rare Earth　稀有金屬 Rare metal

14

第 1 族　鹼金屬
Group 1 Alkali metal（alkaline metal）

K 鉀的語源與鹼相同，表示其水溶液為鹼性。
容易形成 1 價的陽離子，也容易與其他元素反應。

第 2 族　鹼土金屬
Group 2 alkaline earth metal

容易形成 2 價的陽離子。

第 11 族　銅族、貨幣金屬
Group 11 Coinage metal

鐵族 Iron group

第 18 族　鈍氣（惰性氣體）
Group 18 Noble gas

Ar 由於鈍氣「不會作用」，所以很難與其他元素起反應。

Kr 鈍氣有「隱藏起來的」之意，空氣中僅存有微量。

第 17 族　卤素
Group 17 Halogen

Br 溴的語源為「臭的」。卤素具有刺激性氣味。
容易形成 1 價陰離子，也容易與其他元素反應。

鉑族 Platinum group

金、銀以外的貴金屬元素。比重重、熔點高，耐酸與鹼基，可用做觸媒。

貴金屬 Precious metal

不僅含量稀少，除了高價的銀以外，單極電位都比銀大。

第 14 族　碳族
Group 14 Carbon group

第 15 族　氮族
Group 15 Pnictogen

N 氮族元素 Pnictogen 是來自意為「窒息」的希臘語 πνίγω（pnigo）。

第 16 族　氧族
Group 16 Chalcogen

容易形成 2 價的陰離子。氧、硫、硒、碲會與金屬元素結合，變成各種礦石的成分。

除上述列出族類，還有
第3族 稀土類 鈧族
第4族 鈦族
第5族 釩族（土酸金屬）
第6族 鉻族
第7族 錳族
第12族 鋅族
第13族 硼族（土族金屬）

放射性元素
Radioactive elements

放射性元素指的是原子核不穩定，會自發性放出輻射並衰變的元素。右側圖表中，沒有穩定同位素的元素以粉紅色底表示。淺粉紅色的元素表示其同位素半衰期為4萬年以上。

雖說是元素發現者，但究竟是屬於理論性預測元素存在的人，還是以光譜儀分析等手法發現元素存在的人，抑或是以物理性分離出元素的人呢？界線並不明確。因此隨著文獻不同，對發現者的記述也產生了差異。

發現者的國籍與方塊底色

英國	法國	義大利	德國
奧地利	匈牙利	瑞士	瑞典
芬蘭	西班牙	美國	俄羅斯
丹麥	荷蘭	日本	自古便有

↑俄羅斯的聯合原子核研究所也在同時期成功合成。

如前所述，一旦由不同國籍的科學家獨立發現元素並命名，便會認定是該國的，也有的會持續用別名稱呼該元素。

然而，也有科學家明明是先發現者，卻由於延遲發表論文或科學文獻，嚴重時甚至因為介紹該發現的書太晚印刷，而不被稱呼為第一發現者，如此值得同情的故事時有耳聞。

美國的橡樹嶺國家實驗室也在115-鏌與117-鿬的研發團隊中。

元素語源週期表

元素語源的詞彙來自希臘語、拉丁語的壓倒性地多。自古以來便有的名稱中，也有一些源自日耳曼語或塞姆語。

1 H 氫

此處圖示為英語語源，也有部分插圖為拉丁語或日語語源。

水

作為拉丁語名稱語源的語言

超鈾元素、超重元素名稱之所以很少源自希臘語，原因在於取名的地名或人名是來自日耳曼語或俄羅斯語的緣故。

H																	He
Li	Be											B	C	N	O	F	Ne
Na	Mg											Al	Si	P	S	Cl	Ar
K	Ca	Sc	Ti	V	Cr	Mn	Fe	Co	Ni	Cu	Zn	Ga	Ge	As	Se	Br	Kr
Rb	Sr	Y	Zr	Nb	Mo	Tc	Ru	Rh	Pd	Ag	Cd	In	Sn	Sb	Te	I	Xe
Cs	Ba		Hf	Ta	W	Re	Os	Ir	Pt	Au	Hg	Tl	Pb	Bi	Po	At	Rn
Fr	Ra		Rf	Db	Sg	Bh	Hs	Mt	Ds	Rg	Cn	Nh	Fl	Mc	Lv	Ts	Og

La	Ce	Pr	Nd	Pm	Sm	Eu	Gd	Tb	Dy	Ho	Er	Tm	Yb	Lu
Ac	Th	Pa	U	Np	Pu	Am	Cm	Bk	Cf	Es	Fm	Md	No	Lr

3 Li 鋰
石頭

4 Be 鈹
綠柱石

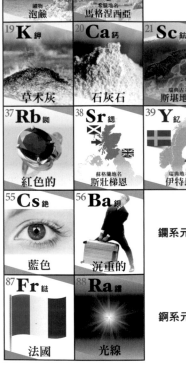

11 Na 鈉
礦物 泡鹼

12 Mg 鎂
希臘地名 馬格涅西亞

19 K 鉀
草木灰

20 Ca 鈣
石灰石

21 Sc 鈧
瑞典古名 斯堪地亞

22 Ti 鈦
希臘神話的巨人 泰坦

23 V 釩
瓦娜迪斯

24 Cr 鉻
顏色

25 Mn 錳
希臘地名 馬格涅西亞

26 Fe 鐵
血

27 Co 鈷
哥布林

37 Rb 銣
紅色的

38 Sr 鍶
蘇格蘭地名 斯壯梯恩

39 Y 釔
瑞典地名 伊特比

40 Zr 鋯
寶石 鋯石

41 Nb 鈮
希臘神話中人的女兒 妮娥碧

42 Mo 鉬
鉛

43 Tc 鎝
人工的

44 Ru 釕
俄羅斯地區的地名 魯西尼亞

45 Rh 銠
薔薇

55 Cs 銫
藍色

56 Ba 鋇
沉重的

鑭系元素

72 Hf 鉿
源自哈夫尼的拉丁語名稱 哈佛尼亞

73 Ta 鉭
希臘神話中的呂底亞王 坦塔羅斯

74 W 鎢
白鎢礦

75 Re 錸
萊茵河的拉丁語名稱 雷努斯

76 Os 鋨
氣味

77 Ir 銥
彩虹

87 Fr 鍅
法國

88 Ra 鐳
光線

錒系元素

104 Rf 鑪
義大利物理學家 拉塞福

105 Db 𨧀
俄羅斯莫斯科州的地名 杜布納

106 Sg 𨭎
美國化學家 西博格

107 Bh 𨨏
丹麥物理學家 波耳

108 Hs 𨭆
德國地名 赫森邦

109 Mt 䥑
奧地利物理學家 邁特納

語源種類與邊框顏色

- 自古便有
- 性質、背景原委
- 礦物、化合物
- 神話
- 星球
- 都市、國家名
- 人名

鑭系元素

57 La 鑭
不被發現的

58 Ce 鈰
小行星 穀神星刻瑞斯

59 Pr 鐠
綠色＋雙胞胎

60 Nd 釹
新的＋雙胞胎

61 Pm 鉕
希臘神話中的巨神 普羅米修斯

62 Sm 釤
礦物 鈮釔礦

錒系元素

89 Ac 錒
光線

90 Th 釷
北歐神話的雷神 索爾

91 Pa 鏷
錒的源頭

92 U 鈾
天王星

93 Np 錼
海王星

94 Pu 鈽
冥王星

元素名稱一開始大多是取其性質，或者以發現時的礦物來命名。後來有的用神話或星球取名，甚至發現者的國家也成了語源。到了發現人造的放射性元素時，取其性質來命名變得困難，變成選用發現機關的城市名稱、對化學有所貢獻的人物等等來命名。

鉿、釕、鈥等元素名稱是來自國家或城市名稱的古拉丁語，繼續回溯，則是源自日耳曼語或希臘語，所以於左頁表中不歸類於拉丁語。話說回來，再繼續回溯，除了「塞姆語」，幾乎全都歸類在「原始印歐語」中。

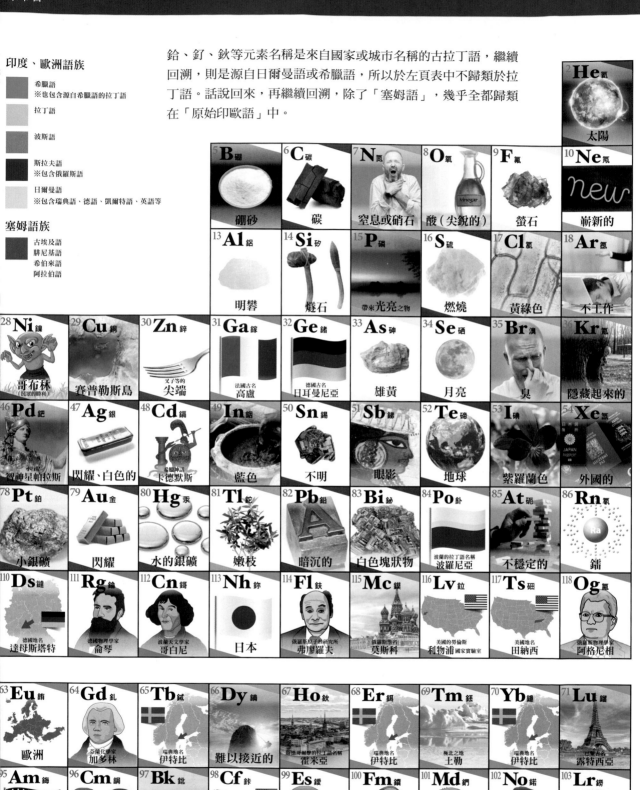

接下來將個別介紹每個元素的語源。元素名稱大多來自希臘語或拉丁語（此處的希臘語指的是古希臘語）。政治上領土廣泛的羅馬人（官方語言是拉丁語），從文化發展先進的希臘人身上，吸收了眾多不同領域的語詞。隨後拉丁語遍及歐洲民眾，變化成義大利語、西班牙語、法語、羅馬尼亞語等語言，而羅馬天主教繼續沿用拉丁語系的官方語言。中世紀左右提到有教養學識的學者，大多數是基督教的聖職者，或是接受過其教育的人，因此長久以來，拉丁語為學者的世界通用語言。生物的學名是拉丁語，解剖學用詞是拉丁語，都是傳承於此。若某元素的語源一部分文獻寫說是拉丁語，別的文獻寫說是希臘語，只是回溯到哪個程度的差別而已，有可能兩者都對。

¹H 氫

發現者
英國：亨利‧卡文迪西（1766）

語源 水

希臘語 ὕδωρ（húdōr）「水」
＋希臘語γεννάω（gennáō）「生產」
→ 法語hydrogène
→ 英語hydrogen

名稱的由來
命名者為法國的安圖萬‧拉瓦節（1783），以氫（hydrogen）是分解**水**所得到的氣體為由取名。希臘語ὕδωρ（水）也是其他化學用詞如**hydroxy**（-OH，羥基、氫氧基，即hydro-〔水〕＋oxy-〔氧〕）、小型淡水生物水螅（**hydra**）、水耕栽培（**Hydroculture**）等詞彙的語源。

水螅是刺胞動物的一種，另外水母、珊瑚、海葵也包含在刺胞動物內。

可見到太陽的日珥、閃焰及黑子。

²He 氦

發現者
英國：威廉‧拉姆賽（1895）

語源 太陽

希臘語ἥλιος（hélios）「太陽」
＋-ium → 拉丁語helium
→ 英語helium

名稱的由來
1868年英國的諾曼‧洛克耶、愛德華‧法蘭克蘭在觀測太陽光線中發現新光譜，以**太陽**命名。洛克耶誤解這是金屬元素的光譜，所以在字尾加了-ium。1895年時，拉姆賽由加熱種岩石產生的氣體，發現了地球上的氦。順帶一提，對著太陽開花的天芹菜**Heliotrope**有「朝向太陽之物」之意，是從希臘語ἥλιος（太陽）而來。該詞也指希臘神話中的太陽神赫利歐斯。

天芹菜（別名「香水草」）。

太陽神。

³Li 鋰

語源 石頭

希臘語λίθος（lithos）「石頭」
+-ium→拉丁語lithium
→英語lithium

發現者

瑞典：約翰・阿爾韋德松（1871）

名稱的由來

由發現者阿爾韋德松的老師——瑞典的詠斯・貝吉里斯所命名。相對並列於週期表下方、廣泛分布於動植物界的鈉、鉀，鋰被認為是僅存在於礦物界的元素，因此取了跟**石頭**有關的名字。從希臘語λίθος（石頭），也衍生出**monolith**（孤立岩、單獨巨石）、**megalith**（〔史前時代的〕巨石碑）、**lithograph**（平版印刷、石版畫）等詞彙。

⁴Be 鈹

語源 綠柱石

希臘語βήρυλλος（bērullos）「綠柱石」
→ 法語beryl+ -ium
→ 英語beryllium

所謂綠柱石（beryl），是鈹、鋁的矽酸鹽（$Be_3Al_2Si_6O_{18}$）礦物，無色（希臘語βήρυλλος也不是綠色的意思），結晶為六角柱狀，視其摻入的金屬元素雜質，稱呼各有不同：混入2價鐵離子Fe^{2+}變成水藍色者，稱為**海藍寶石**（aquamarine）；混入3價鐵離子Fe^{3+}帶有黃色者，稱為**金綠柱石**（heliodor）；由於鉻或釩變成綠色者，為**祖母綠**（emerald）；而因為錳變紅色者，則稱為**紅色綠柱石**（red beryl）。

海藍寶石

紅色綠柱石

金綠柱石
希臘語中意為「來自太陽的禮物」。氦（Helium）同樣也是源自希臘語ἥλιος（太陽）。

發現者

法國：路易－尼古拉・沃克蘭（1798）

名稱的由來

法國化學家**沃克蘭**從綠柱石（其實是祖母綠）中發現的。由於這種化合物有甜味，所以沃克蘭以希臘語γλυκύς（甘甜的），將其命名為glucinium（舊元素符號Gl，唸作グルシニウム（glucinium），或グルシナム glucinum）。然而除了這種元素也存在著別種甘甜的金屬化合物（如果開始針對這點吐槽，會什麼名字都沒辦法取……），所以1802年時，德國的**馬丁・克拉普羅斯**便以「**綠柱石**」來取名了。對了，英語的brilliant（閃耀的、光輝的）也是源自希臘語βήρυλλος。日本人將假名ベリリウム寫成英語時，或許會煩惱究竟リリ部分的拼法是R、L，還是LL？不過只要知道brilliant的拼法，便能想起第一個リ是R，第二個リ是LL了吧。

此外，德語的**眼鏡**為**Brille**，也是衍生自希臘語βήρυλλος。

⁵B 硼

語源 硼砂

中期波斯語bōrag「硼砂」
→阿拉伯語بورق（bawrag）「硼砂」
→中世紀拉丁語baurach「硼砂」
→英語borax「硼砂」+-on
→英語boron

發現者 ①英國：漢弗里・戴維（1808）
②法國：約瑟夫・給呂薩克、路易・泰納爾（1808）

名稱的由來

1808年，兩個團體各自分離出了硼，戴維以其原料「**硼砂**」（borax）取了名字。此處的borax是中期波斯語（巴勒維語）的bōrag（硼砂），經由阿拉伯語及拉丁語產生。硼砂以前是從西藏乾燥的鹽湖湖底採收，輸入歐洲，活用作為特殊玻璃或琺瑯原料。中文的硼砂一詞也是從波斯語音譯而來。

^{6}**C** 碳

語源 碳

拉丁語carbo「炭」
→ 法語carbone
→ 英語carbon

奶油培根義大利麵

發現者
自古以來便有

名稱的由來

法國安圖萬・拉瓦節等人於1787年出版的《化學命名法》中，出現**木炭**的拉丁語carbo及法語charbone（carbone）。英語carbon或拉丁語carbo的重音在第1音節，但法語carbone的重音則是在後面。之後衍生出化學用詞**carbohydrates**（碳水化合物，日語簡稱為「カーボ」）、**carbide**（碳化矽、碳化鈣等碳與金屬元素形成的化合物統稱）等詞。英語及日語的carbon不僅單指元素的碳，也指稱複寫用的**碳式複寫紙**。順帶一提，**carbonara**（奶油培根義大利麵）是義大利語「煤炭工人風味」的義大利麵，也是相關詞。

^{7}**N** 氮

語源 窒息或硝石

希臘語vítρον（nítron）「碳酸鈉礦、泡鹼」→ 法語nitre「硝石」
＋希臘語γεννάω（gennáō）「生產」
→ 法語nitrogène
→ 英語nitrogen

氮是源自意為「窒息」的希臘語πνίγω（pnigo）。

發現者
蘇格蘭：丹尼爾・拉塞福（1772）

名稱的由來

蘇格蘭化學家拉塞福於1772年時，進行燃燒蠟燭或磷消耗氧氣後，通過鹼性溶液吸收二氧化碳的實驗，結果小白鼠死於殘存氣體中，由此結果將該氣體稱為noxious air（有毒氣體），或phlogisticated air（燃素氣體）。據說一般是將此實驗當成發現氮的過程，然而事實上，氮是由英國化學家**卡文迪西**、**卜利士力**，還有瑞典的**謝勒**，在同時期或更早時發現的。卜利士力於1775年發表，謝勒於1777年發表，晚了一步。1775年，法國的**拉瓦節**承認氮也是元素之一，在希臘語ζωή（生命）前面加上「否定的字首」，將其取名為「生命無法存在」之意的**azote**（法國如今依舊稱氮為azote）。azote也用於**azo group**（偶氮基，-N=N-）、**azo dyes**（偶氮染料）、**sodium azide**（疊氮化鈉，NaN_3）等氮類化合物中。

1790年，法國化學家暨政治家的讓－安圖萬・夏普塔爾解明硝石成分含有氮，以nitre（**硝石**）＋ -gène（生成、發生之物），將氮命名為「生成硝石之物」的**nitrogène**，這是仿效將氫命名為hydrogène（生成水之物），將氧命名為oxygène（生成酸之物）的命名法。硝基（nitro）則用於**nitroglycerin**（硝化甘油）、**trinitrotoluene**（三硝基甲苯／黃色炸藥，簡稱TNT）等名稱中。硝石其實也與鈉的語源關係深切（請參閱p.25）。

誰是第一個發現者？

其實早在謝勒及拉塞福之前，發現氫的英國科學家**亨利・卡文迪西**已分離出氮，不過他沒有發表，所以沒人知道。卡文迪西是個家財萬貫的英國貴族，討厭與人來往，也沒有發表研究獲得名聲及財富的動機，所以不急於公布自己的發現。此外，他其實也比歐姆早發現歐姆定律，比庫侖早發現庫侖定律，然而直到他死後100年左右才證實這些事實。

-gen解說 氫（hydrogen，生成水之物）、氧（oxygen，生成酸之物）、氮（nitrogen，生成硝石之物）的-gen源自希臘語 γεννάω（產生、生長），從這個詞衍生出英語generation（世代）、gene（基因）、gentleman（紳士，出身良好的）、genius（天才，與生俱來的才能）等詞彙。

^{8}O 氧

語源 酸（尖銳的）

希臘語 ὀξύς（oxús）「酸的、尖銳的」
＋希臘語 γεννάω（gennáō）「生產」
→ 法語 oxygène
→ 英語 oxygen

英國

約瑟夫·卜利士力
Joseph Priestley
（1733-1804）
英國化學家，
提出週期表者。

瑞典

卡爾·魏爾黑姆·謝勒
Karl Wilhelm Scheele
（1742-1786）
瑞典化學家、藥學家。

氧、氮、氫等氣體的研究及發現，幾乎是在同時期、由各地化學家進行，很難明確說明誰是第一個發現者。

法國

安圖萬－
羅杭·德·拉瓦節
Antoine-Laurent de Lavoisier
（1743-1794）
法國化學家，貴族、
徵稅負責人，
「近代化學之父」。

發現者

英國：約瑟夫·卜利士力（1774）

名稱的由來

由於將硫酸加入軟錳礦（二氧化錳）時產生的氣體，與強火加熱氧化銀、硝石和硝酸鎂所產生的氣體相同，所以瑞典化學家謝勒在1771年時，將該氣體稱為「火之氣體」。完全不知道此發現的狀態下，英國化學家、牧師卜利士力於1774年，將水銀在空氣中燃燒所生成的紅色「水銀灰」（其實是氧化汞(II)，HgO）再次加熱，並蒐集水銀灰還原成水銀過程中產生的氣體。1775年，他發現小白鼠不僅能在該氣體中存活，還活得比一般情況久。卜利士力便親自去吸氣體，成為世界上第一個吸氧氣的人，他說「感覺很清爽」。由於卜利士力相信當時的主流燃素說，所以稱該氣體為**去燃素氣體**（dephlogisticated air）。1777年，法國的安圖萬·拉瓦節知道了卜利士力的發現，說明該氣體並非去燃素氣體，而是燃燒時不可或缺的元素。由於燃燒非金屬元素產生了酸性物質，拉瓦節誤會了氧是酸的來源，因此創造出意為**「生成酸之物」**的oxygène一詞。如今oxy-經常用於意為「氧」的化學詞彙中，比方說有**oxydol**（雙氧水，H_2O_2）、**Deoxyribonucleic Acid**（去氧核糖核酸，簡稱DNA，其成分的去氧核糖比核糖少1個氧）。

英語的元素符號默背法

在日本默背元素符號，以**「水兵リーベ僕の船七曲がるシップスクラークか」**口訣廣為人知，意思是「水（H）兵（He）リー（Li）ベ（Be）僕（B、C）の（N、O）船（F、Ne）　七（Na）曲がる（Mg、Al）シッ（Si）プ（P）ス（S）クラー（Cl、Ar）ク（K）か（Ca）」（海軍戀人我的船　伴隨七首曲子的船隻很拉風吧！）

相較之下到此為止都是共通的，要是再往下默背，又有更多不同的記憶法。那麼用英語又是怎麼默背的呢？英語也有類似的口訣：

Harry He Likes Beer Bottled Cold Not Over Frothy. Nelly's Nanny Might, Although Silly Person, She Climbs Around Kinky Caves.

（哈利喜歡冰涼的罐裝啤酒，最好泡泡別過多。奈莉的保姆力大無窮，但是個傻子。她在奇怪洞窟的周圍攀爬。）

實際上，稍有出入的英語默背法成千上萬，不似日本就這麼個「水兵リーベ」的記憶法。

Harry He Likes Beer But CanNot Obtain Food.

（哈利他喜歡啤酒，卻拿不到食物。）

Henry He Likes Betty But Can Not Offer Flower Necklace.

（哈利他雖然喜歡貝蒂，卻無法給她花項鍊。）

London BBC NO FuN. （倫敦的BBC很無趣。）

雖然無法正確表示元素符號，不過簡單就好。

^{9}F 氟

螢石

語源 螢石

拉丁語 fluor「螢石」+ -ine
→ 英語 fluorine

（發音為フルオリーン〔furuorin〕或
フローリー〔furorin〕）

反應性高的氟一旦與其他元素結合就會穩定下來。氟樹脂（杜邦公司的「鐵氟龍」是商標名稱）也是相當穩定的物質。

●螢石照射到紫外線會發出螢光。

發現者
法國：昂利·莫瓦桑（1886）

名稱的由來
18世紀左右已認知到有氟的存在，由於英國的漢弗里·戴維預測螢石中含有新元素，所以取的螢石拉丁語 fluor 來替氟命名。螢石（氟化鈣，CaF_2）會於精煉礦物時用作 flux（助熔劑〔降低熔點〕）。岩石中不需要的成分在高溫下也難以流動，若在熔爐加進「助熔劑」螢石，便可溶化流出。因此螢石是取名自意為「流動」的拉丁語動詞 fluō，如今英語的螢石則為 fluorine。英語 flow（流動）也是拉丁語 fluō 的語詞遠親。英語 fluorescent 意為「螢光的」，用於 fluorescent light（螢光燈）、fluorescent ink（螢光墨水）等詞中。

英語 fluid
（液體）

英語 influenza
（流行性感冒）

這些詞及 flux（助熔劑）都是源自拉丁語 fluo，與 fluorine（氟）為同源詞。

●封進壓克力樹脂的氟氣體（由於反應激烈，用氮氣稀釋成50%）。雖說氟的氣體略帶黃色，但這種量幾乎是無色的。

電負度週期表

所謂「電負度」，是原子核與電子間相互吸引能力的指標。週期表越往右上方電負度越大，氟的電負度最大，也就是反應性高。鈍氣的電負度基本上是0。

第1族	第2族	第3族	第4族	第5族	第6族	第7族	第8族	第9族	第10族	第11族	第12族	第13族	第14族	第15族	第16族	第17族	第18族
1 H 氫 2.2																	2 He 氦 0
3 Li 鋰 0.98	4 Be 鈹 1.57											5 B 硼 2.04	6 C 碳 2.55	7 N 氮 3.04	8 O 氧 3.44	9 F 氟 3.98	10 Ne 氖 0
11 Na 鈉 0.93	12 Mg 鎂 1.31											13 Al 鋁 1.61	14 Si 矽 1.9	15 P 磷 2.19	16 S 硫 2.58	17 Cl 氯 3.16	18 Ar 氬 0
19 K 鉀 0.82	20 Ca 鈣 1	21 Sc 鈧 1.36	22 Ti 鈦 1.54	23 V 釩 1.63	24 Cr 鉻 1.66	25 Mn 錳 1.55	26 Fe 鐵 1.83	27 Co 鈷 1.88	28 Ni 鎳 1.91	29 Cu 銅 1.9	30 Zn 鋅 1.65	31 Ga 鎵 1.81	32 Ge 鍺 2.01	33 As 砷 2.18	34 Se 硒 2.55	35 Br 溴 2.96	36 Kr 氪 0
37 Rb 銣 0.82	38 Sr 鍶 0.95	39 Y 釔 1.22	40 Zr 鋯 1.33	41 Nb 鈮 1.6	42 Mo 鉬 2.16	43 Tc 鎝 1.9	44 Ru 釕 2.2	45 Rh 銠 2.28	46 Pd 鈀 2.2	47 Ag 銀 1.93	48 Cd 鎘 1.69	49 In 銦 1.78	50 Sn 錫 1.96	51 Sb 銻 2.05	52 Te 碲 2.1	53 I 碘 2.66	54 Xe 氙 0
55 Cs 銫 0.79	56 Ba 鋇 0.89	鑭系元素	72 Hf 鉿 1.3	73 Ta 鉭 1.5	74 W 鎢 2.36	75 Re 錸 1.9	76 Os 鋨 2.2	77 Ir 銥 2.2	78 Pt 鉑 2.28	79 Au 金 2.54	80 Hg 汞 2	81 Tl 鉈 2.04	82 Pb 鉛 2.33	83 Bi 鉍 2.02	84 Po 釙 2	85 At 砈 2.2	86 Rn 氡 0
87 Fr 鍅 0.7	88 Ra 鐳 0.9	錒系元素	104 Rf 鑪 0	105 Db 𨧀 0	106 Sg 𨭎 0	107 Bh 𨨏 0	108 Hs 𨭆 0	109 Mt 䥑 0	110 Ds 鐽 0	111 Rg 錀 0	112 Cn 鎶 0	113 Nh 鉨 0	114 Fl 鈇 0	115 Mc 鏌 0	116 Lv 鉝 0	117 Ts 鿬 0	118 Og 鿫 0

鑭系元素	57 La 鑭 1.1	58 Ce 鈰 1.12	59 Pr 鐠 1.13	60 Nd 釹 1.14	61 Pm 鉕 1.13	62 Sm 釤 1.17	63 Eu 銪 1.2	64 Gd 釓 1.2	65 Tb 鋱 1.2	66 Dy 鏑 1.22	67 Ho 鈥 1.23	68 Er 鉺 1.24	69 Tm 銩 1.25	70 Yb 鐿 1.1	71 Lu 鎦 1.27
錒系元素	89 Ac 錒 1.1	90 Th 釷 1.3	91 Pa 鏷 1.5	92 U 鈾 1.38	93 Np 錼 1.36	94 Pu 鈽 1.28	95 Am 鎇 1.3	96 Cm 鋦 1.3	97 Bk 鉳 1.3	98 Cf 鉲 1.3	99 Es 鑀 1.3	100 Fm 鐨 1.3	101 Md 鍆 1.3	102 No 鍩 1.3	103 Lr 鐒 1.3

霓虹燈的放電管內部封入的是氖。氖氣會放出橘色亮光光譜，而其他顏色的霓虹燈雖然叫做「neon sign」，但灌入的是其他氣體。

¹⁰**Ne** 氖

語源 嶄新的

希臘語形容詞「嶄新的」
νέος（**néos**）是陽性形，
νέον（**néon**）是中性形。
→ 英語neon

發現者
英國：威廉・拉姆賽、莫里斯・崔佛斯（1898）

名稱的由來
發現當時，已知鈍氣元素有²He與¹⁸Ar，藉由俄羅斯化學家門德列夫發表的週期表，預測在這兩者中間存在著新元素。英國化學家**拉姆賽**與**崔佛斯**透過分餾液態空氣，發現了新元素。發現新元素當天吃晚餐時，拉姆賽告訴家人這件事，接著他13歲的兒子問了「那個新元素叫什麼名字呢？」拉姆賽說還沒想，他兒子回說「不然叫**Novum**吧！」novum在拉丁語中意為「嶄新的」。拉姆賽接受了這個提議，不過早先發現的氦、氬都是源自希臘語，所以也希望這個新元素用希臘語命名，便決定取名為希臘語中**「嶄新的」**之意的Neon。

●鈉的金屬純物質柔軟到能用刀子切開。切開後，雖然切口有金屬光澤很漂亮，但馬上就會氧化變白。

¹¹**Na** 鈉

語源 礦物 泡鹼

希臘語νίτρον（nítron）
「碳酸鈉礦、泡鹼」
→ 德語Natron「硝石」+**-ium**
→ 德語Natrium

拉丁語soda「蘇打灰」+**-ium**
→ 英語sodium

發現者
英國：漢弗里・戴維（1807）

名稱的由來
戴維電解氫氧化鈉（NaOH）熔鹽，首次成功分離鈉，鈉這個名字的由來與稱為**「泡鹼」**的礦物有關。泡鹼主成分是碳酸鈉（Na_2CO_3）與碳酸氫鈉（$NaHCO_3$），其中也含有雜質氯化鈉及硫酸鈉。古埃及用這種礦物做肥皂、漂白布匹、製作木乃伊或製造玻璃及釉藥。古埃及語稱之為ntrj，再從這個詞演變成希臘語νίτρον、拉丁語nitrum。中世紀時，nitrum究竟指稱什麼很混亂，有時也指稱硝酸鉀（KNO_3）的礦石「硝石」。拉丁語nitrum變成法語nitre時指的都是「硝石」，所以從硝酸鉀的「硝酸」成分-NO_3，產生了**nitrogen（氮）**的名稱。另一方面，拉丁語nitrum進入德語後為Natron，指稱的是**「碳酸氫鈉（小蘇打，$NaHCO_3$）」**，從碳酸氫鈉的金屬成分產生Natrium一詞。英語中將Natrium稱為sodium，這是戴維根據其原料soda（蘇打灰）所取的名稱。日本在工業上最廣泛利用的鈉化合物也稱為soda（蘇打）。進一步來說，活性比碳酸鈉更激烈的氫氧化鈉稱為**「苛性蘇打」**，比重大於碳酸鈉的**碳酸氫鈉（又名重碳酸鈉）**則稱為**「小蘇打、重曹」**。

說到蘇打會令人想到碳酸飲料，而古早的碳酸飲料則是擠了檸檬加入水中，再加入小蘇打（碳酸氫鈉）產生二氧化碳氣體製成的。小蘇打也稱為baking soda，用於製作點心，所以任何家庭都能輕鬆做出汽水。
時至今日，碳酸飲料是用高壓將二氧化碳溶解於水中製成的，已經跟蘇打（鈉）無關，只有名稱依舊保留了蘇打一詞。
順帶一提，碳酸飲料是由氧的發現者卜利士力所發明。卜利士力在釀酒廠釀造啤酒的大酒桶上方，吊著加了水的碗，他發現氣體會溶解水在裡面，水也變好喝了，然而他沒有取得碳酸飲料的商標，也就沒有當作商品販售。

照片是小亞細亞的
馬格涅西亞。

12 **Mg** 鎂

語源 希臘地名
馬格涅西亞

希臘語 μαγνησία（**magnēsia**）
「馬格涅西亞」

拉丁語 **magnesia**+**-ium**
→ 英語 **magnesium**

發現者
英國：漢弗里·戴維（1808）

名稱的由來

從希臘**馬格涅西亞**這個地方開採到的礦石在拉丁語中稱為magnesia（鎂氧）。從馬格涅西亞開採到的礦石眾多，至少有下列3種：

白鎂氧礦（magnesia alba）
　→今日的「菱鎂礦」（**magnesite**，碳酸鎂，$MgCO_3$）
　　或「滑石」（**talc**，水合矽酸鎂，$Mg_3Si_4O_{10}(OH)_2$）
黑鎂氧礦（magnesia nigra 或 magnesia negra）
　→今日的「軟錳礦」（**pyrolusite**，二氧化錳，MnO_2）
鎂氧石（magnesia lithos 或 magnesia lapis）
　→今日的「磁鐵礦」（**magnetite**，四氧化三鐵，Fe_3O_4）
※ 上述對應關係並不一定準確，視文獻而異。

1775年，蘇格蘭科學家約瑟夫·布萊克進行高溫鍛燒白鎂氧礦，並精密測定質量的實驗（他是定量實驗的先鋒）。布萊克將生成的物質稱為**輕燒鎂氧**（**magnesia usta**）。拉瓦節認為那是新元素，不過英國科學家**戴維**將此輕燒鎂氧（實際上是氧化鎂〔MgO〕）的熔鹽拿去電解，結果1808年時，成功分離出鎂。在此實驗之前，瑞典科學家甘恩於1774年便已從黑鎂氧礦中成功分離出錳（p.39）。由於某些人將此錳金屬稱為**magnesium**，所以戴維將自己發現的金屬命名為magnium。如此混亂的情況持續了一陣子，之後才確定將戴維發現的金屬稱為magnesium，甘恩發現的金屬稱為manganese（德語Mangan）。

據說名為瑪格涅斯的牧羊人之後成了馬格涅特斯人的始祖，其都市名則成了馬格涅西亞。

黑海

希臘

馬格涅西亞

小亞細亞

馬格涅西亞

雅典

斯巴達

愛琴海

地中海

兩個馬格涅西亞

據說希臘的馬格涅西亞可開採到優質的磁鐵礦，如今希臘這個地方則稱為馬格尼西亞縣。唸法從馬格涅西亞變成馬格尼西亞，是因為馬格涅西亞的涅、拉長的母音 η，在古希臘的發音為「欸伊」，而現代希臘語的發音則變成「伊」的緣故。

世界上所謂的馬格涅西亞有兩處，一處在**希臘本土**（現在的塞薩利地區馬格尼西亞縣），一處在**小亞細亞**的愛奧尼亞地區馬尼薩。在小亞細亞的馬格涅西亞，是希臘馬格涅西亞人民開墾的殖民地，以出生地命名。究竟哪邊是白鎂氧礦或鎂氧石產地，隨著文獻不同說明不一樣，也可能兩邊都是產地。馬格涅西亞這個地名是來自名為瑪格涅斯的牧羊人，據說他在偶然間發現有石頭（磁鐵礦）附著在牧羊杖或涼鞋鞋釘上，便從馬格涅西亞這個地名衍生出**magnet**（**磁石**）一詞（也有不同說法）。而地名馬格涅西亞則成了Magnesium（鎂）、magnet（磁石）、Manganese（錳）的語源。

13 **Al** 鋁

發現者 ①丹麥：漢斯・厄斯特（1824）
②德國：弗里德里希・烏勒（1845）

語源 明礬

原始印歐語*helud-「苦的（鹽）」
→ 拉丁語alūmen「明礬」
→ 英語alum「明礬」+-ium
→ 英語alumium
→ 英語aluminum

*代表是推測的。

鋁鍋（上）、不鏽鋼鍋（中）與銅鍋（下）

鋁鍋重量輕，熱傳導係數高。由於水很快就能燒開，適合用於製作少量醬汁、水煮或短時間便能做好的料理。

不鏽鋼鍋雖然各品牌多少有差異，不過熱傳導係數大約為0.16W/(cm.K)，跟鋁的2.37相比低很多。不鏽鋼鍋雖然不容易導熱，但反過來說是不容易冷卻，最適合用於長時間燉煮料理。不鏽鋼耐酸抗鹼又不容易生鏽，保養很輕鬆。由於其熱傳導係數低，所以較容易產生溫度不均勻。

銅鍋熱傳導係數高，不容易產生溫度不均勻，水也容易沸騰，外觀又漂亮。然而銅鍋價格高，不耐酸也不耐鹼，一旦生鏽會產生銅綠。

名稱的由來

1761年，法國化學家基頓・德莫沃將**明礬**中所含的氧化鋁（Al_2O_3）命名為alumine。1789年，同國的拉瓦節將此氧化物視為單純物質，並以alumine刊載在元素表上（今日稱為alumina）。1808年左右，英國的漢弗里・戴維電解氧化鋁的熔鹽，嘗試分離出鋁，但止步於鋁鐵合金的程度，並未成功。1824年，丹麥物理學家、化學家**厄斯特**發表說他分離出了鋁，但是雜質很多。直到1845年才由德國化學家**烏勒**成功精製出小塊的鋁金屬。

鋁的名稱的變遷

alum**ium** 1808年，分離出精製不完全的鋁，戴維提出alumium這名稱。
↓
alum**inum** 1812年，戴維將名稱變更為aluminum，如今美國依舊在使用這名稱。
↓
alum**inium** 戴維以外的學者偏好用-nium。這兩個名稱混淆已久，西歐採用了-nium。

熱傳導係數週期表

單位：W/(cm.K)

熱傳導係數是用來表示物質傳遞熱之能力的值。金屬整體的熱傳導係數都很高，觸摸時會感覺到冰涼。鋁的熱傳導係數僅次於銅、銀、金。

第1族	第2族	第3族	第4族	第5族	第6族	第7族	第8族	第9族	第10族	第11族	第12族	第13族	第14族	第15族	第16族	第17族	第18族
1 H 氫 0.001815																	2 He 氦 0.00152
3 Li 鋰 0.847	4 Be 鈹 2.01											5 B 硼 0.274	6 C 碳 1.29	7 N 氮 0.0002598	8 O 氧 0.0002674	9 F 氟 0.000279	10 Ne 氖 0.000493
11 Na 鈉 1.41	12 Mg 鎂 1.56											13 Al 鋁 2.37	14 Si 矽 1.48	15 P 磷 0.00235	16 S 硫 0.00269	17 Cl 氯 0.000089	18 Ar 氬 0.0001772
19 K 鉀 1.024	20 Ca 鈣 2.01	21 Sc 鈧 0.158	22 Ti 鈦 0.219	23 V 釩 0.307	24 Cr 鉻 0.937	25 Mn 錳 0.0782	26 Fe 鐵 0.802	27 Co 鈷 1.00	28 Ni 鎳 0.907	29 Cu 銅 4.01	30 Zn 鋅 1.16	31 Ga 鎵 0.406	32 Ge 鍺 0.599	33 As 砷 0.502	34 Se 硒 0.0204	35 Br 溴 0.00122	36 Kr 氪 0.0000949
37 Rb 銣 0.582	38 Sr 鍶 0.353	39 Y 釔 0.172	40 Zr 鋯 0.227	41 Nb 鈮 0.537	42 Mo 鉬 1.38	43 Tc 鎝 0.506	44 Ru 釕 1.17	45 Rh 銠 1.5	46 Pd 鈀 0.718	47 Ag 銀 4.29	48 Cd 鎘 0.968	49 In 銦 0.816	50 Sn 錫 0.666	51 Sb 銻 0.243	52 Te 碲 0.0235	53 I 碘 0.00449	54 Xe 氙 0.0000569
55 Cs 銫 0.359	56 Ba 鋇 0.184	鑭系元素	72 Hf 鉿 0.23	73 Ta 鉭 0.575	74 W 鎢 1.74	75 Re 錸 0.479	76 Os 鋨 0.876	77 Ir 銥 1.47	78 Pt 鉑 0.716	79 Au 金 3.17	80 Hg 汞 0.0834	81 Tl 鉈 0.461	82 Pb 鉛 0.353	83 Bi 鉍 0.0787	84 Po 釙 0.2	85 At 砈 0.017	86 Rn 氡 0.0000364
87 Fr 鍅 0.15	88 Ra 鐳 0.186	錒系元素	104 Rf 鑪 0.23	105 Db 𨧀 0.58	106 Sg 𨭎	107 Bh 𨨏	108 Hs 𨭆	109 Mt 䥑	110 Ds 鐽	111 Rg 錀	112 Cn 鎶	113 Nh 鉨	114 Fl 鈇	115 Mc 鏌	116 Lv 鉝	117 Ts 石田	118 Og 氫

鑭系元素	57 La 鑭 0.135	58 Ce 鈰 0.114	59 Pr 鐠 0.125	60 Nd 釹 0.165	61 Pm 鉕 0.179	62 Sm 釤 0.133	63 Eu 銪 0.139	64 Gd 釓 0.106	65 Tb 鋱 0.111	66 Dy 鏑 0.107	67 Ho 鈥 0.162	68 Er 鉺 0.143	69 Tm 銩 0.168	70 Yb 鐿 0.349	71 Lu 鎦 0.164
錒系元素	89 Ac 錒 0.12	90 Th 釷 0.54	91 Pa 鏷 0.47	92 U 鈾 0.276	93 Np 錼 0.063	94 Pu 鈈 0.0674	95 Am 鋂	96 Cm 鋦	97 Bk 鉳	98 Cf 鉲	99 Es 鑀 0.1	100 Fm 鐨 0.1	101 Md 鍆 0.1	102 No 鍩 0.1	103 Lr 鐒 0.1

鹼金屬 | 第2族 鹼土金屬

14 **Si** 矽

發現者
瑞典：詠斯・貝吉里斯（1824）

語源 燧石

拉丁語**silex**「燧石」＋**-on**
→ **silicon**「矽」

矽凝膠（silica gel）是將偏矽酸鈉（Na_2SiO_3）水溶液加酸，生成凝膠乾燥後的產物，為多孔性，可用作乾燥劑、脫水劑。

矽晶圓（silicon wafer）是純度99.999999999%（11個9並排的極高純度）的矽磨平的圓形薄片，為半導體的基板材料。

名稱的由來
1808年，英國化學家**戴維**預測燧石（flint，拉丁語**silex**）中存在著新元素，並提議從silex取名為silicium。1823年時，**貝吉里斯**加熱四氟化矽與鉀的混合物，成功分離出矽。戴維曾認為此元素是金屬，但後來確認了矽是非金屬元素，英國化學家**湯瑪斯・湯姆森**將其改稱為silicon。矽是構成地球的元素中第二多的（第一名是氧），亦是存在石頭與砂土中的常見元素；精製過後超高純度的矽是半導體材料，製造IC（積體電路）不可或缺的物質。沒有矽，現代文明便無法存在。

15 **P** 磷

發現者
德國：亨尼希・布蘭德（1669）

語源 帶來**光明**之物

希臘語φῶς（**phôs**）「光」
＋希臘語φέρω（**phérō**）「搬運、帶來」
→ 希臘語φωσφόρος「燈火、黎明閃耀的星星」
→ 拉丁語**phōsphorus**「磷」
→ 英語**phosphorus**「磷」

湖面映照出閃亮的星星。古希臘人認為黎明和夜晚閃亮的星星不一樣，會用不同名字來稱呼。

名稱的由來
德國煉金術士**布蘭德**尋求能將銀子變成金子的「賢者之石」，他拿各種物質做實驗，最後嘗試起人類的尿液。加熱60桶尿讓水分蒸發後，有機物碳化，高溫促使磷酸鹽還原，實驗結果相當驚人，最終得到會在空氣中發光的物質。此物質是白磷（P_4），因其在暗處發光的性質，取名為**phosphorus**，意思是**「帶來光明之物」**。這個詞源自希臘語，用於指稱帶來光明的「燈火、燭台」，或是「黎明閃耀的星星」（金星）。

phosphorus的ph英語發音為[f]，不過拉丁語原本沒有這個發音。從希臘語借用外來語詞彙時，希臘語的φ字母在拉丁語中會寫作ph。古典希臘語φ是p的送氣音，日本人普遍不太會跟[p]區分（中文、韓語則有區別p的送氣音和不送氣音）。希臘語φ的發音最後變成了[f]的音。

英語詞彙出現ph這種拼法時，回溯語源大多皆起源於希臘語，比方說photograph（相片）或photosynthesis（光合作用）等詞，是源自希臘語φῶς（光）。元素名稱使用ph的詞彙除了磷以外，還有硫的拉丁語名稱sulphur，然而sulphur明明並非源自希臘語，ph卻用f的發音，真是「搞笑的希臘語源詞」（請參閱p.30專欄）。

瀕臨絕跡元素

元素藉由混合或化學反應改變了形態，既不會生成也不會消失，然而卻存在著將來人類想要使用時，卻無法取得或取得困難的瀕臨絕跡元素。美國化學學會蒐集了此類資源存續有危機的44種元素，並製作成週期表，其中包含稀土類元素、金屬以及氦、磷、硒、硼等元素，必須採取探索替代元素、節約使用和進行回收等等手段，以確保這些元素能持續供給。

取得困難的元素

需求增加因此出現枯竭危機的元素

往後 100 年內面臨嚴重枯竭威脅的元素

請參考http://www.asc.org/content/acs/en/greenchemistry/research-innovation/endangered-elements.html

磷

　　磷主要以磷酸鹽礦物存在地殼中，占0.099%，是所有元素中第11多的，也是第15族元素中最多的。然而磷卻被列為瀕臨絕跡元素，究竟是為什麼呢？磷酸鹽礦物是很重要的磷酸肥料，大量開採下，其生產量將於2030年達到顛峰，預測北美、非洲、俄羅斯、東南亞的埋藏量將在本世紀末枯竭，磷酸肥料的價格也持續走高。根據2009年世界糧食高峰會（World Food Summit）預測，為了能夠應對世界人口增加，到2050年的糧食生產量必須增加70%才行。磷酸肥料為水溶性，所以植物沒有吸收的部分便透過雨水及灌溉用水流走，滋養了河川、湖沼及沿岸水域，使浮游生物、水草和海藻生長繁茂，無論哪種情況都會被大量海水稀釋掉。雖說磷不會消失，但實際上卻變得無法回收。磷以磷酸酯形態存在於DNA、RNA及ATP磷脂質中，是生物體不可或缺的元素。骨頭或牙齒的主要成分（約為70％）是稱為氫氧磷灰石的磷酸鈣礦物（$Ca_{10}(PO_4)_6(OH)_2$）。磷的存在瀕臨危機是個不能等閒視之的問題。

（岩村）

16 **S** 硫

語源 燃燒

原始印歐語*swel-「燃燒」
→ 原始印歐語*swelplos「硫」
→ 拉丁語sulfur「硫」
→ 英語sulfur「硫」

發現者
自古以來便存在

名稱的由來

由於火山地區大量產生硫，所以自古以來便已知硫的存在。其名稱由來並無定論，不過可認為是源自原始印歐語的「**燃燒**」*swel-。古英語的硫為**swefl**，是來自同個原始印歐語，經過日耳曼語傳入的詞彙。

從英語**sulfur**衍生出**sulfo group**（磺酸基、磺基，-SO₃H）、**sulfonamides**（磺胺劑、磺醯胺，含硫成分的抗菌劑）等詞彙。

美式英語中硫的拼法為**sulfur**，但英式英語中大多寫成**sulphur**。英語詞彙有ph的拼法時，如phosphorus（磷）一般，幾乎都是源自希臘語（雖然正確地說是將希臘語借用進拉丁語）。不過話說回來，這個詞也並非源自希臘語。不是因為英國人誤以為本詞源自希臘語所以拼成ph（說不定有部分誤會的人吧……），事實上這其中有歷史淵源（請參閱左側專欄）。

希臘語中有另個指稱硫的詞 ── Θεῖον，由此衍生出指稱含硫成分的字首thio-，比方說**sodium thiosulfate（硫代硫酸鈉）**的thiosulfate（硫代硫酸鹽），前半的thio-是源自希臘語指稱硫的字首，後半的sulf-則是源自拉丁語指稱硫的字首，很奇特的組合。講個題外話，大鵬藥品生產的營養補給飲料「**TIOVITA**」，成分中加入了含硫的二硫辛酸（別名Thioctic acid），便由此取名。

是 Sulfur 還是 Sulphur

硫的英語源自拉丁語，古拉丁語為**sulpur**，後來發音產生變化，拼法也變成**sulfur**或**sulphur**。這個詞經過古法語進入英語，18～19世紀的英國sulfur、sulphur兩者都有人用，不過後來**sulphur**占優勢。1920年代以前的美國也幾乎都是用**sulphur**，不過後來**sulfur**急速擴散，據說《韋氏辭典》採用**sulfur**是原因之一。1990年時，IUPAC採用了**sulfur**。順帶一提，如azufre（西班牙語）、soufre（法語）、zolfo（義大利語）和Schwefel（德語），歐洲多種語言使用f，在這些語言中會配合發音合理地變更拼法，而英式英語可說是保留了眾多古早的拼法。

17 **Cl** 氯

語源 黃綠色

希臘語χλωρός（khlōrós）「黃綠色的」
+-ine
→ 英語chlorine「氯」

希臘語χλωρός原本是指稱「新芽、嫩芽、嫩葉」的詞，由此意義產生了**chlorophyll**（葉綠素，phyllon是希臘語「葉子」之意）、**chloroplast**（葉綠體）、**chlorella**（綠藻、綠球藻屬，淡水性單細胞綠藻的總稱）等詞，這些便與氯無關了。

發現者
①瑞典：卡爾・謝勒（1774）
②英國：漢弗里・戴維（1810）

名稱的由來

瑞典化學家謝勒在軟錳礦（二氧化錳的礦石→p.26）中加入鹽酸，首次產生了氯氣。然而謝勒並未理解到這是元素，而是稱呼該氣體為去燃素海鹽酸氣（dephlogisticated marine acid）。之後戴維證明了氯是無法進一步分解的元素，由於氯的氣體（Cl₂）呈**黃綠色**，便以希臘語χλωρός將其取名為chlorine。

chlor-在化學用詞中，是意為「氯」的字首，由此創造出**chloroform**（氯仿、三氯甲烷，CHCl₃）、**chloral hydrate**（水合氯醛、水合三氯乙醛，C₂H₃Cl₃O₂）、**Chloromycetin**（氯黴素）等含氯物質的名稱。

●高壓密封於壓克力樹脂中的液態氯，呈鮮豔的黃色。

18 Ar 氬

發現者
英國：約翰・斯綽特、威廉・拉姆賽（1894）

語源 不工作

希臘語ά-（a-）「否定字首」
＋ἔργον（érgon）
「作用、運作、工作」
→ 希臘語形容詞ἀργόν（argón）
「不會作用的、怠惰的」（中性形）
→ 英語argon「氬」

名稱的由來

氬在化學性質上極度不活潑，因此以「**不工作**」取名。希臘語ἀργόν是在ἔργον（作用、工作、行為）前面接上否定字首-形成的。從ἔργον衍生出**energy**（能源、能量，en-〔在其中〕＋運作）、**allergy**（過敏，ἄλλος〔其他的〕＋作用）、**erg**（耳格，功、能量的單位）等詞。

有關氬的發現經過請參閱p.32。

英語字尾週期表

以字尾來看元素名稱，拉丁語大多是-ium、義大利語、西班牙語多為-io（讀作ヨ〔yo〕）、葡萄牙語為-io（讀作イウ〔iu〕）、俄語為-ий（讀作イー〔i〕），而英語元素名稱的字尾比其他語言更變化多端。

1 H gen 氫												5 B on 硼	6 C on 碳	7 N gen 氮	8 O gen 氧	9 F ine 氟	2 He ium 氦
3 Li ium 鋰	4 Be ium 鈹											13 Al um 鋁	14 Si on 矽	15 P us 磷	16 S ur 硫	17 Cl ine 氯	10 Ne on 氖
11 Na ium 鈉	12 Mg ium 鎂																18 Ar on 氬
19 K ium 鉀	20 Ca ium 鈣	21 Sc ium 鈧	22 Ti ium 鈦	23 V ium 釩	24 Cr ese 鉻	25 Mn ese 錳	26 Fe (iron) 鐵	27 Co (cobalt) 鈷	28 Ni el 鎳	29 Cu er 銅	30 Zn (zinc) 鋅	31 Ga ium 鎵	32 Ge ium 鍺	33 As ic 砷	34 Se ium 硒	35 Br ine 溴	36 Kr on 氪
37 Rb ium 銣	38 Sr ium 鍶	39 Y ium 釔	40 Zr um 鋯	41 Nb ium 鈮	42 Mo um 鉬	43 Tc ium 鎝	44 Ru ium 釕	45 Rh ium 銠	46 Pd ium 鈀	47 Ag er 銀	48 Cd ium 鎘	49 In ium 銦	50 Sn (tin) 錫	51 Sb y 銻	52 Te ium 碲	53 I ine 碘	54 Xe on 氙
55 Cs ium 銫	56 Ba ium 鋇		72 Hf ium 鉿	73 Ta um 鉭	74 W en 鎢	75 Re ium 錸	76 Os ium 鋨	77 Ir ium 銥	78 Pt um 鉑	79 Au (gold) 金	80 Hg y 汞	81 Tl ium 鉈	82 Pb (lead) 鉛	83 Bi (bismuth) 鉍	84 Po um 釙	85 At ine 砈	86 Rn on 氡
87 Fr ium 鍅	88 Ra ium 鐳		104 Rf ium 鑪	105 Db ium 𨧀	106 Sg ium 𨭎	107 Bh ium 𨨏	108 Hs ium 𨭆	109 Mt ium 䥑	110 Ds ium 鐽	111 Rg ium 錀	112 Cn ium 鎶	113 Nh ium 鉨	114 Fl ium 鈇	115 Mc ium 鏌	116 Lv ium 鉝	117 Ts ine 础	118 Og on 氭

57 La ium 鑭	58 Ce ium 鈰	59 Pr ium 鐠	60 Nd ium 釹	61 Pm ium 鉕	62 Sm ium 釤	63 Eu ium 銪	64 Gd ium 釓	65 Tb ium 鋱	66 Dy ium 鏑	67 Ho ium 鈥	68 Er ium 鉺	69 Tm ium 銩	70 Yb ium 鐿	71 Lu ium 鎦
89 Ac ium 錒	90 Th ium 釷	91 Pa ium 鏷	92 U ium 鈾	93 Np ium 錼	94 Pu ium 鈽	95 Am ium 鋂	96 Cm ium 鋦	97 Bk ium 鉳	98 Cf ium 鉲	99 Es ium 鑀	100 Fm ium 鐨	101 Md ium 鍆	102 No ium 鍩	103 Lr ium 鐒

由於碳（carbon）字尾是-on，所以性質類似的元素如硼（1808年）、矽（1824年）其名稱字尾同樣取為-on。一開始將鈍氣字尾取為-on的是氬（Argon，1894年），接著發現氦（Helium）的時候（1895年），尚未有將鈍氣字尾取為-on的習慣。到了1898年發現氖（Neon）、氪（Krypton）、氙（Xenon）時才將字尾取為-on，訂下了鈍氣＝字尾-on的規律，甚至出現應該將氦改名為Helion的意見（不過氦之名已廣為人知，所以提案未通過）。

而氫（Hydrogen）、氧（Oxygen）以及氮（Nitrogen）後接意為「生成……之物」的字尾-gen，但這規律並未繼續擴大。

鹵素之所以變成後接字尾-ine，一開始是氯（Chlorine，1810年），接著是碘（Iodine，1811年）、溴（Bromine，1826年），之後便遵循這個規則了。話說回來，-ine源自拉丁語的-inus，是為了將名詞變成形容詞的字尾。

新命名的金屬元素字尾壓倒性地都是-ium，然而自古以來便已知的元素則沒有統一。以前沒有要統一字尾的認知。用紅色標註的元素其日語名稱並非取自英語，而是取自德語，所以字尾的讀音與取自英語的不一致（鉻的日語クロム〔kuromu〕唸法≠英語Chromium）。英語以-um結尾的名稱也很多，例如鋁Aluminum，或以-ium結尾寫作Aluminium。

氬

氬在地球大氣層中僅有0.93%，因此被稱為貴重氣體元素，而其重量則占
1.28%。氬在空氣中的量高達二氧化碳的30倍，不容忽視。至於怎麼發現氬
的，其背後的故事很有趣。

1785年時，發現氫的**卡文迪西**為了去除空氣中的氮，進行下列實驗：在玻璃
容器的空氣中額外加入充分氧氣後密封，接著長時間通電，讓氫氧化鉀吸收
此氣體，剩下的氧氣則通過加熱的還原銅上方以去除氧氣，結果發現殘留了
體積1/120左右的氣體。

經過1世紀以上的時間到了1892年，**瑞立男爵**發現卡文迪西傳記中前述的實
驗，對此產生興趣並進行實驗。他發現去除空氣中的氧氣、二氧化碳、水蒸
氣後，1公升「氮氣」有1.2572g，相對地，從氧化氮、一氧化二氮、亞硝酸
銨、尿素化學性製出的氮氣卻只有1.2505g，所以他認為以空氣精煉過的氮
氣或許殘留著某種較重的成分也說不定。

聽到這場演講的**威廉‧拉姆賽**思考其中是否有新元素的可能，於1894年進行
了稍微不一樣的實驗。他將從空氣中取得的「氮氣」反覆通過燒紅的金屬鎂
上方，使其反應產生氮化鎂，藉此去除氮氣。過程中氣體體積逐漸減少，密
度也隨之上升。一開始氣體體積22公升，密度有14；氣體變成1.5公升時密度
為16.1；最後則是290cm³，密度19.95，且不再與金屬鎂起反應。該氣體密度
在0℃、1013hPa狀態下為1公升1.78g，是種新的元素，拉姆賽便以意為「不
活潑」的希臘語將其取名為Argon。

之後的5年間，依序發現氦、氖、氪、氙和氡一連串的鈍氣，瑞立男爵與拉姆
賽則於2004年各自獲頒諾貝爾物理學獎及化學獎。

（岩村）

亨利‧卡文迪西
Henry Cavendish
（1731-1810）
英國化學家、物理學家。

約翰‧威廉‧斯綽特
John William Strutt
（1842-1919）
瑞立男爵的名號廣為人知。
英國物理學家。

威廉‧拉姆賽
William Ramsay
（1852-1916）
蘇格蘭化學家。

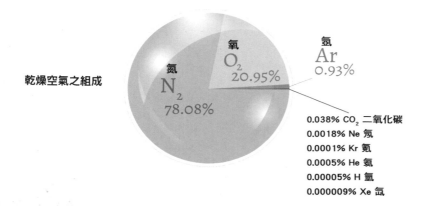

乾燥空氣之組成

氮 N₂ 78.08%
氧 O₂ 20.95%
氬 Ar 0.93%

0.038% CO₂ 二氧化碳
0.0018% Ne 氖
0.0001% Kr 氪
0.0005% He 氦
0.00005% H 氫
0.000009% Xe 氙

是稀有氣體元素呢？還是貴重氣體元素？

第18族的元素最外層電子全都都已填滿，所以化學上非常不活潑，經常見到單原子分子的存在。由於很長一段時間沒人知道第18族元素的化合物有哪些，所以被稱為鈍氣（inert gas）。然而化學上的不活潑程度以第1週期的氦為最，隨著週期增加，其不活潑的程度逐漸減弱。後來發現了穩定核種存在的最後週期——第5週期中氙有化合物，以此為契機，其他第18族元素也發現了化合物，所以今日鈍氣這稱呼並未正確展現出這一族的性質。再加上這些元素難以化學性分離或萃取，所以也稱為稀有氣體（rare gas）。但是空氣中含有0.9%的氬氣，是二氧化碳（0.03%）的30倍左右，也不是多稀少的元素。

2005年IUPAC建議大家應該用noble gas來稱呼，日本化學會也遵從其建議，提議將其名稱寫作「貴重氣體」。日本高中化學教科書以往全都保留了「稀有氣體」的寫法（一部分並用「貴重氣體」），2015年3月17日起，日本海外的高中教科書毫無例外地一律配合使用「noble gas」，稱其為貴重氣體。

除了氦以外，貴重氣體元素在常壓且凝固點以下，會因為凡得瓦力結合形成結晶（單原子分子構成的分子性結晶）。

（岩村）

鈍氣為何不活潑？

所謂「游離能」，指的是去除原子的電子使其形成陽離子所需要的能量。週期表越往右上方，游離能越大。鈍氣是較穩定的。反過來說，游離能小的第1族元素容易形成陽離子，與各種物質反應激烈。

另一方面，「電負度」則是原子核與電子間相互吸引能力的指標。週期表越往右上方，電負度越大，鈍氣基本上是0。由此可知，鈍氣很穩定，不過比起氦，氙的游離能較低，要形成化合物可說稍微容易了一些。

^{19}K 鉀

語源 草木灰

阿拉伯語 قلى（qalā）「燃燒、油炸」
→ 阿拉伯語 القليه（al-qalyah）「草木灰」
→ 中世紀拉丁語alcali「草木灰」
→ 英語alkali「草木灰」
荷蘭語pot「壺」+asch「灰」
→ 荷蘭語potasch「草木灰」
→ 英語potassa+-ium
→ 英語potassium

發現者

英國：漢弗里・戴維（1807）

名稱的由來

鉀的英語為**potassium**，是戴維在主成分為碳酸鉀（K_2CO_3）的草木灰（potassa）後接-ium取的名字。由於拼法是ss，所以唸起來不會有濁音。potassa與英語中的**「草木灰」**及**「濁水」**（potash）為同字根詞彙，前述的potassa字尾經過拉丁語化。potasch是pot（壺、深鍋）+ash（灰，荷蘭語早先的拼法為asch），也就是「在壺裡放入植物蒸烤而成的灰燼」之意。

日語カリウム的名稱源自德語Kalium，從這裡再繼續回溯則是阿拉伯語意為「草木灰」的詞。而Kalium是由貝吉里斯命名的。alkali的「kali」部分與鉀同語源，al則相當於阿拉伯語的定冠詞。其拼法在拉丁語及法語為alcali，是c，不過在德語及英語是alkali，是k。

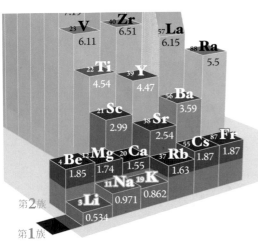

左圖是週期表比重值的立體呈現（部分）。鹼金屬隨著週期數越大，比重也越大。
鋰Li、鈉Na、鉀K的比重小於1，所以比水輕，放進水中會浮起來，但是一接觸到水就會開始激烈燃燒。銣Rb或銫Cs的反應又更劇烈，所以會爆炸。

法語濃湯potage是pot（深鍋）+ -age（表示動作結果的字尾）＝用鍋子煮的東西，用來泛指所有湯品。potage與potasch前半部語源相同。換句話說，日語ポタージュスープ（potage soup）的說法用詞表現重複了。

鉀對維持細胞滲透壓、酸鹼平衡影響相當大。攝取鉀有促使鈉排泄、降低血壓的效果。WHO（2012年）表示，為了預防高血壓，建議成人每天鉀攝取量為3,510mg。但如果是血液透析患者，則要限制鉀的攝取。

鹼土族金屬＝第2族？

關於鹼土族金屬指的是哪種元素，見解有兩種：其一，在認為鹼土族金屬＝第2族的廣義稱呼下，包含鈹、鎂在內。其二，相對前述說法，不包含鈹、鎂在內，只有鈣、鍶、鋇、鐳為鹼土族金屬的狹義稱呼。理由在於鈹與鎂各方面性質都異於其他第2族元素（比方說，鈹以及鎂的氧化物水溶液不像其他元素氧化物水溶液的鹼性那麼強）。

如今根據IUPAC（2011年）的定義，推薦使用前者「第2族所有元素皆為鹼土族金屬」的稱呼。

20 Ca 鈣

發現者

英國：漢弗里・戴維（1808）

語源 石灰石

拉丁語**calx**「石灰」＋**-ium**
→英語**calcium**

名稱的由來

石灰石（**limestone**）主成分為**碳酸鈣**（$CaCO_3$），爐子燒製後可得到**「生石灰」氧化鈣**（CaO，**lime**）。生石灰加水會發熱，變成**「熟石灰、消石灰」氫氧化鈣**（$Ca(OH)_2$，**hydrated lime**）。**戴維**將熟石灰與氧化汞（II）混合，高溫熔解後再電解，得到鈣。他取拉丁語意為**「石灰石、大理石」**的**calx**，後接-ium，將其取名為**calcium**。

順帶一提，拉丁語calx石頭後面加上-ulus（指稱「小的」物品的指小詞）變成**calculus**（小石頭），衍生出英語**calculus**（〔腎臟等處產生的〕結石），或是從（〔數數用的〕小石頭）衍生出**calculator**（計算機）等詞。

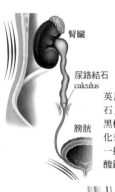

腎臟

尿路結石
calculus

膀胱

英語calculus不僅在醫學上意為「結石」，也在數學方面意為「微積分」。寫黑板的粉筆（chalk）也是從拉丁語calx變化來的，所以跟calcium為同源詞。順帶一提，尿路結石的主成分中，有9成為草酸鈣或磷酸鈣。

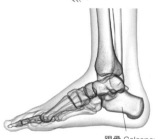

跟骨指的是「腳跟」的骨頭。解剖學用詞的calcaneus起源為拉丁語calx（小石頭），後來輾轉變為「腳跟」。日語首次使用跟骨一詞的，是杉田玄白等人著作的《解剖新書》。

跟骨 Calcaneus

戴維與發明電池

義大利出身的科學家亞歷山德羅・伏打發明了世界上第一個電池，1800年公諸於世。有先見之明的英國化學家**戴維**搶先一步將之引入化學實驗，使用當時規模最龐大的250個電池嘗試進行熔鹽電解。他活用這最新的道具，1807年發現鉀及鈉，之後陸續發現鈣、硼、鍶、鋇及鎂。

經過復原的伏打電池（電堆※）。

鹼土族金屬的「土」是什麼？

以往會將鋁、鍺、鎵、銦包含在內的第13族——早期稱為第Ⅲ族的「土族」（不包含硼）。此外鈧、釔、鑭也曾稱為土族。鈣、鍶等元素性質介於鹼金屬與土族金屬之間，所以被稱為「鹼土族金屬」。以短週期表來看，很容易明白其中的關聯。

雖說是土族，但並非腐植土那種「土」的意象，而是指煉金術中四大元素火、氣、水、土的「土」（terra），泛指非金屬且不溶或難溶於水的金屬氧化物。稀土類rare earth也因為是土族金屬中，元素含量僅有些微的緣故而如此取名。

廣義的鹼土族金屬

鹼金屬

土族金屬

1 IA	2 IIA	13 IIIA	14 IVA	15 VA
H				
Li	Be	B	C	N
Na	Mg	Al	Si	P
K	Ca	Ga	Ge	As
Rb	Sr	In	Sn	Sb
Cs	Ba	Tl	Pb	Bi
Fr	Ra			

狹義的鹼土族金屬

斯堪地那維亞半島

21 Sc 鈧

語源
瑞典古名
斯堪地亞

拉丁語Scandia「斯堪地亞」+-ium
→ 英語scandium

史卡蒂為了替父親報仇，隻身闖入殺害其父的神明聚集之處，是個脾氣暴躁的巨人。然而神明巧妙地包容了她，讓她嫁給其中一位神明。

發現者
瑞典：拉斯・尼爾森（1879）

名稱的由來
瑞典化學家尼爾森從名為黑稀金礦的礦石金屬中，發現存在著未經報告的原子光譜，因此他便以自己出身地，也是原礦石產地的瑞典古名斯堪地亞（Scandia），替這種元素取名為Scandium。現今橫跨瑞典、挪威兩國的斯堪地那維亞半島，其南部地區自古以來便以拉丁語稱為Scandia。大約13世紀中葉時，此處為瑞典王國。有個說法是說Scandia取自北歐神話的女巨人史卡蒂（Skadi，古挪威語Skaði），她是冰雪、森林與滑雪的女神，狩獵的高手。話說回來，這是根據門德列夫預測會在硼下方的擬硼元素，但發現這點的並非尼爾森，而是他的化學家同僚佩爾・梯奧多・克利弗（雖然現在的長週期表下方是鋁）。克利弗發現了欽與鈧。

背負著天空的亞特拉斯也是泰坦族。

22 Ti 鈦

語源
希臘神話的巨人
泰坦

希臘語Τιτάν（Titán）「巨人泰坦」
→ 拉丁語Tītān「巨人泰坦」
→ 德語Titan「巨人泰坦、元素鈦」+-ium
→ 英語titanium「鈦」

各領域「巨大」之物會被冠上Titan的名稱。

鈦鐵礦（FeTiO₃）

土星的衛星土衛六（Titan），直徑為月亮的1.48倍，是太陽系行星中第2大的。

Titanosaurus的日語ティタノサウルス也寫作チタノサウルス或タイタノサウルス。

泰坦巨龍屬（Titanosaurus）
生存於中生代白堊紀前期的巨大恐龍，並非其體內儲存了鈦。

卡西尼號

鐵達尼號（Titanic）總重量4萬6,328噸，全長269.1m，是當時全世界最大的客船。

發現者
①英國：威廉・格雷戈爾（1791）
②德國：馬丁・克拉普羅斯（1795）

名稱的由來
最早發現這種金屬的，是英國牧師身兼風景畫家、音樂家、礦物學家的格雷戈爾。1791年時，他從梅納肯山谷開採到的黑色砂石中，發現裡面含有新的金屬，將其稱manaccanite（現在則有別名為Ilmenite，鈦鐵礦〔FeTiO₃〕）。
另一方面，1795年德國科學家克拉普羅斯分析金紅石（rutile）礦石時，發現了特別的氧化物，他將新的金屬元素命名為Titan。Titan取自希臘神話的巨人泰坦（Titan）族（「泰坦」是英語發音，希臘語發音則為「梯坦」）。泰坦指的是天空之神烏拉諾斯與大地女神蓋婭所生的13個巨神。克拉普羅斯在替鈦命名前6年發現了鈾₉₂U，取天王星（Uranus，源自天空之神烏拉諾斯）之名命名為uranium，所以替命名時用了烏拉諾斯孩子的名字泰坦。他最後終於確定格雷戈爾發現的元素就是鈦，而鈦這名稱已經廣為人知。當時僅能獲得鈦的氧化物，還無法分離純粹的鈦金屬。到了1910年，美國化學家馬修・杭特使用鈉當還原劑，成功分離出純度99.9%的鈦。

元素、星期與北歐神話

許多元素名稱取自神話，其中少數幾個來自北歐神話。這些人物也有幾個是星期名稱的語源。鈧的發現者是**瑞典**的尼爾森，釩的命名者是**瑞典**的賽夫斯特倫，再者，釷也是由**瑞典**的貝吉里斯所命名。

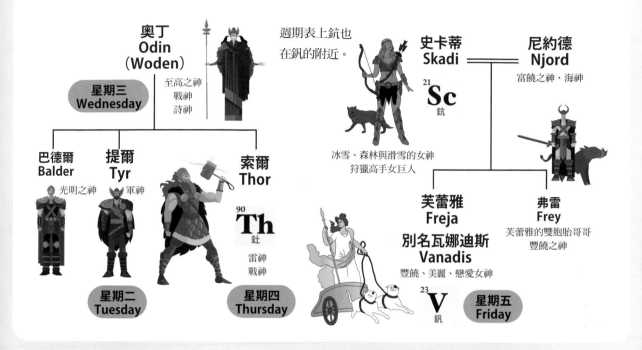

奧丁
Odin
(Woden)

星期三
Wednesday

至高之神
戰神
詩神

巴德爾
Balder

光明之神

提爾
Tyr

軍神

索爾
Thor

90
Th
釷

雷神
戰神

星期二
Tuesday

星期四
Thursday

週期表上鈧也
在釩的附近。

史卡蒂
Skadi

21
Sc
鈧

尼約德
Njord

富饒之神、海神

冰雪、森林與滑雪的女神
狩獵高手女巨人

芙蕾雅
Freja

別名瓦娜迪斯
Vanadis

豐饒、美麗、戀愛女神

23
V
釩

弗雷
Frey

芙蕾雅的雙胞胎哥哥
豐饒之神

星期五
Friday

週期表建築

這世界上有建築利用週期表來做設計。右圖是位於墨西哥市的墨西哥國立自治大學化學系建築。下圖則是位於澳洲首都坎培拉的科學博物館（暱稱為Questacon），利用光雕投影技術在牆上照出週期表（2012年時）。此外還有畫著元素的西班牙莫夕亞大學化學系建築、寫著中文元素名稱的中國遼寧省瀋陽的公司建築等等，週期表建築在全世界颳起流行旋風！

瓦娜迪斯女神

23 V 釩

語源 北歐神話的女神
瓦娜迪斯

瑞典語 Vanadis「瓦娜迪斯」（女神芙蕾雅的別名）＋-ium
→ vanadium

發現者 ①西班牙：安德烈斯·德·里奧（1801）
②瑞典：尼爾斯·賽夫斯特倫（1830）

名稱的由來

德·里奧是西班牙出身，之後歸化墨西哥的科學家，他在墨西哥的礦山學校當礦物學及化學教授。1801年時，德·里奧發現化合物顏色多彩的新金屬，取名為 panchromium（希臘語「所有顏色」之意）。之後，由於加熱該化合物可使其變鮮紅色，所以將名字改為 erythronium（源自希臘語的「紅色」）。他將 erythronium 礦物送給「近代地理學之祖」亞歷山大·洪保德，並拜託洪保德確認此發現。洪保德委託法國的研究機關進行分析，報告顯示裡面只含有鉻（大概是搞錯了），因此洪保德否認了有發現新元素。事實上，德·里奧同時也送了研究報告，但運輸船隻不幸遇難，只有寫著「很類似鉻」的紙條跟標本送到巴黎，所以洪保德否認發現新元素這件事。後來厄運也持續下去，沒有其他能確認的研究者，結果德·里奧改變想法認為那是鉻，也取消發表論文。之後經過27年，到了1830年，既是瑞典礦山學校的校長，也教授化學與物理學的賽夫斯特倫在不知道前述發現的情況下，獨自發現了釩，因為釩化合物的美麗色彩，替它取了北歐神話中美之女神瓦娜迪斯（Vanadis）的名字。

釩鉛礦（褐鉛礦，Pb$_5$(VO$_4$)$_3$Cl）。
vanadinite 會形成鮮紅色、六方晶系的結晶。

●**水矽釩鈣石**（Ca(VO)Si$_4$O$_{10}$(H$_2$O)$_4$）為含有鈣（calcium）、釩（vanadium）、矽（silicon）的礦物，取其字首命名為 ca＋va＋si→cavansite。另外還有好幾個像這樣取元素名稱字首，或使用元素符號，如解謎般創造出礦物名稱的例子。

水釩鋅鉛石（descloizite，(Pb,Zn)$_2$(OH)VO$_4$）。

賽夫斯特倫發現釩之後，發現鋁的烏勒（→p.27）重新調查德·里奧的標本，確認了賽夫斯特倫的新元素與 erythronium 是相同物質，德·里奧的成就重新受到肯定。1931年，英國、美國地理學家喬治·費思桐估量釩的最早發現者是德·里奧，並主張釩應該稱為 rionium，結果這主張並未廣為流傳。

安德烈斯·德·里奧
Andrés Del Río
（1764-1849）

釩與海鞘

釩在海中的濃度是極低的35nM。1911年，德國研究者馬丁·亨策發現某種海鞘會吸收並濃縮海中的釩儲存在體內，其濃度甚至高達海水的200萬倍。海鞘大致可分為腸性目（Enterogona）與側性目（Pleurogona），腸性目海鞘會濃縮釩，不過日本人食用的側性目海鳳梨（真海鞘）、海蜜桃（紅海鞘）卻不太會濃縮釩，濃縮能力最高的是**蓓蕾海鞘**（Ascidia gemmata）。濃縮過的釩究竟有何作用，至今依舊有許多不明之處。近年來逐漸明白釩在哺乳類身上有類似胰島素的作用，進而持續研究將釩應用於糖尿病藥物。

腸性目棗海鞘科的一種海鞘
（Ascidia paratropa）。

^{24}**Cr** 鉻

語源 顏色

希臘語χρῶμα（khrôma）「顏色」
（本來是「體表、皮膚」之意，再從這衍生出顏色的意思）

→ 拉丁語chrome＋-ium
→ 法語chrome＋-ium
→ 英語chromium

從希臘語χρῶμα衍生出各式各樣與色彩有關的詞彙，例如意為「描繪色彩」的**chromatograph（層析圖、色譜圖）**，細胞核中鹼基性色素能清楚染上顏色的**chromosome（染色體）**。另外還有太陽光球與日冕間的**chromosphere（色球）**、**chromatic（有色的、色彩的、半音的）**等詞。

發現者
法國：路易－尼古拉・沃克蘭（1797）

名稱的由來

法國化學家**沃克蘭**（鈹的發現者）從紅鉛礦（$PbCrO_4$）發現了新的氧化物（Cr_2O_3）。由於鉻會隨著氧化狀態不同呈現各種顏色，所以以**「顏色」**之意的希臘語χρῶμα取名為chromium，而名稱則是由沃克蘭的老師——法國的安圖萬・傅克瓦與勒內－朱斯特・阿羽依所提議。

鉻會隨著氧化數不同呈現各種顏色，比方說**綠色**顏料的三氧化二鉻（Cr_2O_3）呈現強磁性；**黑色**的二氧化鉻（CrO_2）用於磁帶；6價的重鉻酸鉀（$K_2Cr_2O_7$）呈鮮豔的**橘紅色**；三鉻酸鉀（$K_2Cr_3O_{10}$）為**紅色**；此外還有用於**黃色**顏料的「鉻黃」鉻酸鉛（$PbCrO_4$）等等。不僅如此，綠柱石含有微量的鉻而呈現綠色者，稱為**祖母綠**。無色的剛玉（corundum）如果含有微量的鉻，會變成**紅寶石**。沃克蘭在發現鉻的數年後，解開了紅寶石、祖母綠與鉻之間的關係。

圖片為小亞細亞的
馬格涅西亞。

^{25}**Mn** 錳

語源 希臘地名
馬格涅西亞

希臘語μαγνησία（magnēsía）
「馬格涅西亞」

拉丁語magnesia「馬格涅西亞」
[maŋŋéːsia]

→ 拉丁語magnesia[maŋŋéːsia]
→ 義大利語manganese「錳」
→ 法語manganèse [mãga.nɛz]
→ 英語manganese「錳」

發現者
瑞典：卡爾・謝勒、約翰・甘恩（1774）

名稱的由來

1774年，瑞典科學家**謝勒**推測以往大家認為不過是磁鐵礦變種的軟錳礦（MnO_2，別名pyrolusite）中，含有磁鐵礦及別種未知金屬礦物，但無法成功分離。因此他委託化學家友人甘恩進行調查，而甘恩成功分離出了錳。名字來源**「馬格涅西亞」**是含錳礦石的產地，同樣也是magnet（磁鐵）及magnesium（鎂）的語源（→p.26）。錳的拼法最後演變為manganese（德語Mangan）。

為什麼會從ma**gn**esia變成ma**ng**anese，g⇄n對調了呢？

拉丁語gn[gn]在古典時期發音為[ŋn]，這是因為持續受到n的影響，讓g鼻音化變成了[ŋ]的緣故。這個鼻音化的g[ŋ]，在日語中也相當於「案外」[aŋŋai]、「損害」[soŋŋai]清楚發音時的鼻濁音「ん」（n）。中世紀拉丁語則反映此發音，出現誤將gn寫成ngn例子（比方說把ignem〔火〕寫成inngem等等）。時代變遷，音韻也產生變化，拉丁語稱為教會式（羅馬天主教式）的發音中，gn的發音變成了[ɲɲ]或[ɲ]，這相當於日語發音的「ンニャ（nnya）、ンニュ（nnyu）、ンニョ（nnyo）」或「ニャ（nya）、ニュ（nyu）、ニョ（nyo）」（義大利語中gn-的發音也是[ɲ]，義大利語的磁鐵是magnete）。例如拉丁語magnus（偉大的），如果用古典式發音為[máŋnus]（很煩惱不曉得該用「マグヌス」「マングヌス」「マングヌ

ス」「マンヌス」哪種片假名標示法才好），但如果是教會式發音則會變成[máɲɲus]（マンニュス）或[máɲus]（マニュス）。伴隨這種情況，有的古文獻也出現了將gn拼錯成nn的例子。
雖然說到底都是推測而已，不過拉丁語magnesia的發音從馬格涅西亞變成馬格涅西亞，再變成馬涅西亞（日語轉寫的讀音為maguneshia→manguneshia→manyeshia，說不定拼法也是從magnesia（假設）的拼法，接著「不知為何插入個a」，再進一步字尾從-ia變成e，最後變成manganese的寫法。若真是如此，或許會有人好奇為什麼相同語源的magnesium（鎂）或magnet（磁鐵）不會產生同樣的拼法變化。其中的差別在於magnesium是拉丁語magnesia直接進入英語創造出的詞；相對的，manganese則是拉丁語→義大利語→法語→英語經過一連串變化來的詞，在拉丁語→義大利語的某個階段產生了-gn-與-ng-替換的情況。

氧化鐵加上含有少量鈷、鎳、錳等金屬，具有磁性的燒結物稱為**鐵磁體**（ferrite），是拉丁語ferrum後接意為「岩石、礦石」的字尾-ite所形成的。亞鐵氰化鉀（potassium ferrocyanide，俗稱黃血鹽）的ferro-（亞鐵的，Fe^{2+}）或鐵氰化鉀（potassium ferricyanide，俗稱赤血鹽）的ferri-（三價鐵的，Fe^{3+}），語源都是拉丁語ferrum。

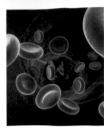

26 Fe 鐵

發現者
自古以來便知

語源 血

原始印歐語***héshr**「血」
→ 原始凱爾特語***isarnom**「鐵」
→ 英語**iron**「鐵」

腓尼基語**barzel**「鐵」
→ 拉丁語**ferrum**「鐵」

有說法指Iron的語源是「血」，而人體中血液的鐵原子含量便占了整體的2/3，不可思議地吻合了。血之所以呈現紅色，是因為有種以鐵為中心，稱為血紅素的蛋白質，其顏色是紅色，而血液100ml含有高達12～16g的血紅素。蝦子或螃蟹、花枝或章魚等的血液，則因為具有以銅為中心的血藍素，所以顏色是透明到藍色不等。

名稱的由來
人類文明初期起便已開始利用鐵。調查古代鐵器成分後，發現有的鎳含量多，推測可能是利用了鎳含量高的隕鐵（鐵的礦石則不太有鎳的成分）。
鐵的英語iron在中世紀英語（11世紀中葉左右～15世紀後半葉通用的英語）中寫作iren，照拼法的發音為「イーレン」（音近「伊─連」。11世紀中葉之前的古英語為isern，很類似荷蘭語ijzer、德語Eisen，這些全都源自原始凱爾特語的*isarnom。至於*isarnom又是源自何者意見分歧，有一說指*isarnom源自原始印歐語的「血」*héshr；也有一說指*isarnom源自意為「神聖的、強大的」的字根。
元素符號Fe源自拉丁語ferrum最前面的兩個字母，再繼續回溯則是塞姆語，應為腓尼基語的barzel（鐵），八九不離十。聖經中有個人物救助了因叛亂逃亡又貧困的大衛王，那就是Barzilai（巴茲萊），也有「鐵（之人）」的意思（聖經是用塞姆語之一的希伯來語所寫）。

隕鐵（iron meteorite）是鐵與鎳合金形成的隕石。用硝酸等處理過隕鐵剖面後會浮現如雪花結晶一般，稱為威德曼花紋的凹凸紋路，這可說是以數百萬年為單位形成的鎳結晶。

磁性週期表

圖例：反鐵磁性、反磁性、非磁性、順磁性、鐵磁性

第1族 鹼金屬	第2族 鹼土金屬	第3族 鈧族	第4族 鈦族	第5族 釩族	第6族 鉻族	第7族 錳族	第8族	第9族	第10族	第11族 銅族	第12族 鋅族	第13族 硼族	第14族 碳族	第15族 氮族	第16族 氧族	第17族 鹵素	第18族 鈍氣
1 H 氫 反磁性																	2 He 氦 反磁性
3 Li 鋰 順磁性	4 Be 鈹 反磁性											5 B 硼 反磁性	6 C 碳 反磁性	7 N 氮 反磁性	8 O 氧 反磁性	9 F 氟 反磁性	10 Ne 氖 反磁性
11 Na 鈉 順磁性	12 Mg 鎂 順磁性											13 Al 鋁 順磁性	14 Si 矽 反磁性	15 P 磷 反磁性	16 S 硫 反磁性	17 Cl 氯 反磁性	18 Ar 氬 反磁性
19 K 鉀 順磁性	20 Ca 鈣 反磁性	21 Sc 鈧 順磁性	22 Ti 鈦 順磁性	23 V 釩 順磁性	24 Cr 鉻 反鐵磁性	25 Mn 錳 順磁性	26 Fe 鐵 鐵磁性	27 Co 鈷 鐵磁性	28 Ni 鎳 鐵磁性	29 Cu 銅 反磁性	30 Zn 鋅 反磁性	31 Ga 鎵 反磁性	32 Ge 鍺 反磁性	33 As 砷 反磁性	34 Se 硒 反磁性	35 Br 溴 反磁性	36 Kr 氪 反磁性
37 Rb 銣 順磁性	38 Sr 鍶 順磁性	39 Y 釔 順磁性	40 Zr 鋯 順磁性	41 Nb 鈮 順磁性	42 Mo 鉬 順磁性	43 Tc 鎝 順磁性	44 Ru 釕 順磁性	45 Rh 銠 順磁性	46 Pd 鈀 順磁性	47 Ag 銀 反磁性	48 Cd 鎘 反磁性	49 In 銦 反磁性	50 Sn 錫 順磁性/反磁性	51 Sb 銻 反磁性	52 Te 碲 反磁性	53 I 碘 反磁性	54 Xe 氙 反磁性
55 Cs 銫 順磁性	56 Ba 鋇 順磁性	鑭系元素	72 Hf 鉿 順磁性	73 Ta 鉭 順磁性	74 W 鎢 順磁性	75 Re 錸 順磁性	76 Os 鋨 順磁性	77 Ir 銥 順磁性	78 Pt 鉑 順磁性	79 Au 金 反磁性	80 Hg 汞 反磁性	81 Tl 鉈 反磁性	82 Pb 鉛 反磁性	83 Bi 鉍 反磁性	84 Po 釙	85 At 砈	86 Rn 氡 反磁性
87 Fr 鍅 順磁性	88 Ra 鐳 反磁性	錒系元素	104 Rf 鑪	105 Db 𨧀	106 Sg 𨭎	107 Bh 𨨏	108 Hs 𨭆	109 Mt 䥑	110 Ds 鐽	111 Rg 錀	112 Cn 鎶	113 Nh 鉨	114 Fl 鈇	115 Mc 鏌	116 Lv 鉝	117 Ts 鿬	118 Og 鿫

鑭系元素	57 La 鑭 順磁性	58 Ce 鈰 順磁性	59 Pr 鐠 順磁性	60 Nd 釹 順磁性/反鐵磁性	61 Pm 鉕	62 Sm 釤 順磁性	63 Eu 銪 順磁性	64 Gd 釓 鐵磁性/順磁性	65 Tb 鋱 順磁性	66 Dy 鏑 順磁性	67 Ho 鈥 順磁性	68 Er 鉺 順磁性	69 Tm 銩 順磁性	70 Yb 鐿 順磁性	71 Lu 鎦 順磁性
錒系元素	89 Ac 錒	90 Th 釷 順磁性	91 Pa 鏷 順磁性	92 U 鈾 順磁性	93 Np 錼 順磁性	94 Pu 鈽 順磁性	95 Am 鋂 順磁性	96 Cm 鋦 反鐵磁性/順磁性	97 Bk 鉳	98 Cf 鉲	99 Es 鑀	100 Fm 鐨	101 Md 鍆	102 No 鍩	103 Lr 鐒

難背的元素符號（之一）

元素符號中，鐵、金、銀很難背，這些符號既無法用日語聯想，也不是英文字首，而是拉丁語的字首。近年來發現的元素英語很類似拉丁語，自古便知的元素英語名稱則多源自日耳曼語，較不同於拉丁語。如果連拉丁語一起記就能輕鬆回想起元素符號，而明白其拉丁語源後，背下元素符號時也比較輕鬆容易。所以筆者試著將元素符號與語源相關、大家熟悉的片假名詞彙圖片放在一起，讓大家能很快就聯想到。不過錫Sn跟銻Sb的部分純粹是取其諧音而已。

26 Fe 鐵

鐵 Fe 是 Ferrari 法拉利

Ferrari法拉利是義大利人的姓氏，意為「鐵匠」。

47 Ag 銀

銀是 Argentine 阿根廷

阿根廷探戈

Argentine 阿根廷的國名，源自「銀之川」。

50 Sn 錫

元素符號Sn是拉丁語Stannum的簡寫。片假名詞彙中沒東西跟Stannum相關。

Sn
すんずめ　　錫なり
（東北腔的麻雀）　錫
東北口音雀成錫

51 Sb 銻

Anti Sb

討厭軟銀鷹隊的，說不定是西武粉絲或歐力士粉絲。

Soft Bank HAWKS FUKUOKA

画像：Shutterstock.com

74 W 鎢

鎢是 Wolf 的 W

元素符號W，德語的Wolf「狼」源自Wolfram（鎢）。

79 Au 金

金是 Aurora 極光的 Au。

極光跟金是同語源。英語Au大多是發「o」的音，像是Auto（自動的）、Australia（澳洲）等等。

27 **Co** 鈷

語源 哥布林

中古高地德語kobe「小屋」
＋*holt「哥布林」
或希臘語κόβαλος（kóbalos）
「混混、壞蛋、哥布林」
→ 德語Kobold山中妖精、小鬼「寇博德」
→ 德語Kobalt「鈷元素」
→ 英語cobalt「鈷」

拉丁語cobalus「山中妖精」
→ 英語cobalt「鈷」

發現者
瑞典：伊奧利・布朗特（1735）

名稱的由來
在中世紀德國薩克森地區的礦山中，礦工發現了一種類似銀礦的礦石，卻怎麼精煉都得不到銀，因而感到困惑。不僅如此，精煉的過程還會產生毒煙讓人煩惱（因為含有鈷的礦石經常含有砷）。礦工認為這是德國民間傳說中山中妖精（愛惡作劇的小鬼）「寇博德」的錯，所以將這種礦石稱為寇博德。身為瑞典斯德哥爾摩礦山監工同時也是優秀化學家的**布朗特**，從被稱為**「寇博德」**的礦石中分離出新的金屬，並將其取名為Kobalt。順帶一提，英語**goblin（哥布林、愛惡作劇的妖魔）**也是相同語源。
鈷元素是維他命B12中心的金屬，維他命B12其中一個名稱——cyano**cobal**amin中，也有鈷的名字。

28 **Ni** 鎳

語源 哥布林
（民眾的勝利）

希臘語νίκη（níkē）「勝利」
＋λᾱός（lāós）「民眾」
希臘語Νικόλαος（Nikólaos）
人名「尼可拉斯（尼可拉奧）」
→ 拉丁語Nīcolāus「尼可拉斯」
→ 德語Nikolaus「尼可拉斯」
→ 德語Kupfer「銅」＋nickel
　　「無趣的人、哥布林」
→ 德語Kupfernickel「惡魔之銅」
→ 德語簡稱為nickel「鎳」
→ 英語nickel「鎳」

發現者
瑞典：阿克塞爾・克龍斯泰特（1751）

名稱的由來
跟鈷很像，這種紅褐色礦石（niccolite，紅砷鎳礦，NiAs）再怎麼精煉也得不到銅讓礦工困擾不已，所以又稱為**Kupfernickel（惡魔之銅、哥布林之銅）**，也就是「假銅」之意。1751年時，瑞典化學家**克龍斯泰特**從惡魔之銅中分離出新元素，以Kupfernickel的簡稱取了**nickel**之名。
回溯nickel可得到希臘語**尼可拉斯**這個人名，是希臘語的**νίκη**（勝利）加上λᾱός（民眾），意為**「民眾的勝利」**。而希臘語**νίκη**則跟希臘的勝利女神**妮凱**是同個詞。
後來尼可拉斯用作各個國家的人名，拼法逐漸產生變化，例如拉丁語Nikolaus、西班牙語Nicolás、義大利語Niccolò、Nicola、俄羅斯語Николай、波蘭語Mikołaj、法語Nico、德語Niklas、Klaus、Nil、荷蘭語Klaas等等……。從荷蘭語Klaas又衍生出**Sinterklaas（聖誕老人）**一詞（一般認為起源自米拉城的Saint Nicholas〔聖尼古拉斯〕）。
Nickel是從某個Nikolaus的名字簡稱而來，是非常常見的名字，不過後來帶了點輕蔑的意味，甚至有時也指稱「哥布林」或「惡魔」。如今英語中的Old Nick也是指惡魔。

薩莫色雷斯的勝利女神像是古希臘雕像，雕塑長著翅膀的勝利女神從天而降，站立在船頭的身影，但已經沒有頭部及雙手。

^{29}Cu 銅

賽普勒斯島的面積約為日本四國的一半，據傳希臘神話中愛與美的女神愛芙羅黛蒂便是誕生於此。在古代，銅與希臘的愛芙羅黛蒂、羅馬的維納斯以及金星緊密地聯想在一起。

天然銅塊。

發現者

自古以來便知

語源 賽普勒斯島

希臘語Κύπος（Kúpros）
「賽普勒斯島」

→ 拉丁語aes Cyprium
「賽普勒斯島的金屬」、「銅」

→ 後期拉丁語cuprum「銅」

→ 古英語coper「銅」

→ 英語copper「銅」

名稱的由來

銅是人類自古以來便已活用的金屬。回溯英語copper的語源是**賽普勒斯島**的希臘語Κύπος。賽普勒斯島有大型銅礦礦床，古時候世界上的銅大多產自這裡。掌控銅的產地很重要，而賽普勒斯島曾經由古埃及、亞述、腓尼基、希臘、波斯及羅馬支配過。

隨著從希臘語Kypros變化成拉丁語cuprum，母音y變成了u，而銅的元素符號Cu是基於拉丁語的拼法而來。這個詞進入英語後，母音u進一步變成o，銅也就成了copper。現代英語copper在古英語中為coper，只有1個p子音。

有關賽普勒斯這個地名的由來眾多（其中也有文獻說是來自銅這個詞……），一般相信與意為「柏木屬植物」的希臘語κυπάρισσος有關。賽普勒斯島上柏木、杉樹、松樹的森林林地覆蓋面積約為2成，柏的英語Cypress也是源自這個希臘語詞。

順帶一提，美式英語中稱呼警察為cop，是因為美國的警察組織創立之初，其制服鈕扣是銅製的緣故（例如比佛利山超級警探〔Beverly Hills Cop〕、機器戰警〔RoboCop〕等等）。

導電率週期表

導電率即導電度，是電子傳輸能力強弱的指標。銅族的導電率高低依序為銀、銅、金。銅的價格便宜可用於電線，不過為了進一步降低電阻，經常會在線路末端鍍金。

第1族	第2族	第3族	第4族	第5族	第6族	第7族	第8族	第9族	第10族	第11族	第12族	第13族	第14族	第15族	第16族	第17族	第18族
鹼金屬	鹼土金屬	鈧族	鈦族	釩族	鉻族	錳族				銅族	鋅族	硼族	碳族	氮族	氧族	鹵素	鈍氣
¹H 氫																	²He 氦
³Li 鋰 0.108	⁴Be 鈹 0.313											⁵B 硼 1.00×10⁻¹²	⁶C 碳 0.00061	⁷N 氮	⁸O 氧	⁹F 氟	¹⁰Ne 氖
¹¹Na 鈉 0.21	¹²Mg 鎂 0.226											¹³Al 鋁 0.377	¹⁴Si 矽 2.52×10⁻¹²	¹⁵P 磷 1.00×10⁻¹⁷	¹⁶S 硫 5.00×10⁻²⁴	¹⁷Cl 氯	¹⁸Ar 氬
¹⁹K 鉀 0.139	²⁰Ca 鈣 0.298	²¹Sc 鈧 0.0177	²²Ti 鈦 0.0234	²³V 釩 0.0489	²⁴Cr 鉻 0.0774	²⁵Mn 錳 0.00695	²⁶Fe 鐵 0.0993	²⁷Co 鈷 0.172	²⁸Ni 鎳 0.143	²⁹Cu 銅 0.596	³⁰Zn 鋅 0.166	³¹Ga 鎵 0.0678	³²Ge 鍺 1.45×10⁻⁸	³³As 砷 0.0345	³⁴Se 硒 1.00×10⁻¹²	³⁵Br 溴	³⁶Kr 氪
³⁷Rb 銣 0.0779	³⁸Sr 鍶 0.0762	³⁹Y 釔 0.0166	⁴⁰Zr 鋯 0.0236	⁴¹Nb 鈮 0.0693	⁴²Mo 鉬 0.187	⁴³Tc 鎝 0.067	⁴⁴Ru 釕 0.137	⁴⁵Rh 銠 0.211	⁴⁶Pd 鈀 0.095	⁴⁷Ag 銀 0.63	⁴⁸Cd 鎘 0.138	⁴⁹In 銦 0.116	⁵⁰Sn 錫 0.0917	⁵¹Sb 銻 0.0288	⁵²Te 碲 2.00×10⁻⁴	⁵³I 碘 8.00×10⁻¹⁶	⁵⁴Xe 氙
⁵⁵Cs 銫 0.0489	⁵⁶Ba 鋇 0.03	鑭系元素	⁷²Hf 鉿 0.0312	⁷³Ta 鉭 0.0761	⁷⁴W 鎢 0.189	⁷⁵Re 錸 0.0542	⁷⁶Os 鋨 0.109	⁷⁷Ir 銥 0.197	⁷⁸Pt 鉑 0.0966	⁷⁹Au 金 0.452	⁸⁰Hg 汞 0.0104	⁸¹Tl 鉈 0.0617	⁸²Pb 鉛 0.0481	⁸³Bi 鉍 0.00867	⁸⁴Po 釙 0.0219	⁸⁵At 砈	⁸⁶Rn 氡
⁷Fr 鍅 0.03	⁸⁸Ra 鐳	錒系元素	¹⁰⁴Rf 鑪	¹⁰⁵Db 𨧀	¹⁰⁶Sg 𨭎	¹⁰⁷Bh 𨨏	¹⁰⁸Hs 𨭆	¹⁰⁹Mt 䥑	¹¹⁰Ds 鐽	¹¹¹Rg 錀	¹¹²Cn 鎶	¹¹³Nh 鉨	¹¹⁴Fl 鈇	¹¹⁵Mc 鏌	¹¹⁶Lv 鉝	¹¹⁷Ts 鿬	¹¹⁸Og 鿫

鑭系元素	⁵⁷La 鑭 0.0126	⁵⁸Ce 鈰 0.0115	⁵⁹Pr 鐠 0.0148	⁶⁰Nd 釹 0.0157	⁶¹Pm 鉕	⁶²Sm 釤 0.00956	⁶³Eu 銪 0.0112	⁶⁴Gd 釓 0.00736	⁶⁵Tb 鋱 0.00889	⁶⁶Dy 鏑 0.0108	⁶⁷Ho 鈥 0.0124	⁶⁸Er 鉺 0.0117	⁶⁹Tm 銩 0.015	⁷⁰Yb 鐿 0.0351
錒系元素	⁸⁹Ac 錒	⁹⁰Th 釷 0.0653	⁹¹Pa 鏷 0.0529	⁹²U 鈾 0.038	⁹³Np 錼 0.00822	⁹⁴Pu 鈽 0.00666	⁹⁵Am 鋂 0.022	⁹⁶Cm 鋦	⁹⁷Bk 鉳	⁹⁸Cf 鉲	⁹⁹Es 鑀	¹⁰⁰Fm 鐨	¹⁰¹Md 鍆	¹⁰²No 鍩

⁷¹Lu 鎦 0.0185

¹⁰³Lr 鐒

As 補充 砷的語源為希臘語ἀρσενικόν（arsenikón）。有說法指中世紀伊朗語*zarnīk（雄黃），受到意為「勇猛、雄壯的」希臘語ἀρσενικός影響，拼法產生變化。*zarnīk繼續回溯，是起源於原始印歐語*ghel-（光輝閃耀）。若真是如此，zirconium（鋯）、gold（金）及chlorine（氯）也都是同個語源了。

30 **Zn** 鋅

語源 叉子等的
尖端

德語zinke「（叉齒等的）尖端、尖銳物體」
→ 德語zink
→ 英語zinc「鋅」

發現者
中世紀以來便已知

名稱的由來

自古以來便已知有鋅的存在，不過用拉丁語將之命名為Zincum（或是單純最早記述的）的據說是16世紀的化學家、煉金術士帕拉賽爾蘇斯，其由來被認為是**「尖端」**之意的德語**Zinke**（耙齒或叉齒等的）。據說這是因為精煉時溶解爐底的金屬鋅結晶化，呈現尖銳鋸齒狀之故，所以17世紀中便取了這個名字。

葡萄牙語的鋅是tutanaga，所以在日本會將鍍鋅的鐵板稱為「トタン」（totan）。tutanaga的語源被認為是波斯語tutanak（錫、鉛與銅之類的合金）。

31 **Ga** 鎵

語源 法國古名
高盧

拉丁語Gallia「高盧」+ -ium
→ 英語gallium「鎵」

發現者
法國：保羅・布瓦伯德朗（1875）

名稱的由來

1875年，法國化學家**布瓦伯德朗**對閃鋅礦（sphalerite，(Zn, Fe)S）進行光譜分析，發現兩道特有的紫色光線，因而發現新元素。同年，布瓦伯德朗透過電解氫氧化鉀及氫氧化鎵（Ⅲ），分離出金屬鎵，布瓦伯德朗以出身地**法國的拉丁語古名高盧（Gallia）**，將這種金屬取名為Gallium。提及命名，布瓦伯德朗中間的名字Lecoq是取法語「公雞」（le coq）之意，而且公雞的法語也是gallus，所以當時有人指責布瓦伯德朗是不是巧妙又隱晦地將自己的名字放進元素名稱中（布瓦伯德朗被如此質問時否認了）。

在發現鍺與鎵且詳細調查這些元素的性質後，證實了相當接近門德列夫預測的擬矽（eka-silicon，Ge）、擬鋁（eka-aluminium，Ga）性質，更確認了門德列夫週期表的重要性。

門德列夫週期表發表時已發現的元素

此時尚未發現鈍氣，門德列夫週期表悄悄拿掉這一部分。鑭系、錒系元素大半尚未發現（本表省略）。

※ 門德列夫時代的原子量與現代值之間的比較請參閱 p.12 的週期表

³²**Ge** 鍺

發現者
德國：克雷蒙·溫克勒（1886）

語源　德國古名
日耳曼尼亞
拉丁語Germani「日耳曼人」+-ia
→ 拉丁語Germania「日耳曼尼亞」+-ium
→ 英語germanium「鍺」

名稱的由來
1885年時，在德國夫來堡的銀礦山發現了硫銀鍺礦（argyrodite，Ag_8GeS_6）。隔年，德國化學家溫克勒分析礦石，發現了類似銻的新元素。他當時想過用海王星的名字將其取名為neptunium，不過已經有其他元素用掉了，只好放棄（然而日後證實沒有該元素，1940年時neptunium再度成為元素名稱候補）。於是溫克勒便以他**出身國德國的拉丁語古名Germania（日耳曼尼亞）**取了germanium的名稱。

³³**As** 砷

發現者
德國：阿爾伯圖斯·馬格努斯（1250）

語源　雄黃
→ 受到希臘語$\grave{\alpha}\rho\sigma\varepsilon\nu\iota\kappa\acute{o}\varsigma$（arsenikós）「勇猛、雄壯的」的影響嗎？
→ 希臘語$\grave{\alpha}\rho\sigma\varepsilon\nu\iota\kappa\acute{o}\nu$（arsenikón）「雄黃」
→ 拉丁語arsenicum「砷」
→ 英語arsenic「砷」

名稱的由來
自古以來三硫化二砷（As_2S_3）便用作「雄黃」或是名為「雌黃」（orpiment）的黃色顏料中。1250年時，德國士林哲學家、煉金術士馬格努斯將雄黃與肥皂加熱，分離出了砷。馬格努斯是著名神學家、哲學家聖多瑪斯·阿奎納的老師，精通神學、哲學、自然科學，知識廣泛，針對亞里斯多德的著作著有大量注釋書籍，是中世紀最具影響力的思想家。砷的名字源自指稱**「雄黃」**的希臘語 $\grave{\alpha}\rho\sigma\varepsilon\nu\iota\kappa\acute{o}\nu$**（arsenikón）**，而這個希臘語詞的由來，經常有人說是取砷化合物的毒性，源自意為「勇猛、雄壯的」的希臘語，也有別的說法。

在此之前也有記述指出，阿拉伯最偉大的煉金術士朱比爾·伊本·海揚（Jabir ibn Hayyan，拉丁語是Geber〔格博〕）於815年時加熱雄黃，分離出了砷。也有人說此時分離出的並非砷的純物質，而是三氧化二砷（As_2O_3），俗稱亞砷酸、砒霜。

坐落於科隆大學的阿爾伯圖斯像。傳記中寫到，阿爾伯圖斯花了超過20年的歲月，運用各種金屬及未知物質來製造會說話的人偶，那被稱為「阿爾伯圖斯·馬格努斯的類人型機器人」。實際上製造出的是什麼呢？

馬格努斯Magnus在拉丁語中意為「巨大的、偉大的」，所以阿爾伯圖斯·馬格努斯Albertus Magnus意為「偉大的阿爾伯圖斯」。

³⁴**Se** 硒

發現者
瑞典：詠斯·貝吉里斯（1817）

語源　月亮
希臘語$\sigma\varepsilon\lambda\acute{\eta}\nu\eta$（selénē）「月亮」
+-ium
→ 法語sélénium
→ 英語selenium「硒」

名稱的由來
1817年，瑞典科學家貝吉里斯嘗試分離碲時，發現了新元素。由於其週期表上的位置在碲（語源為「地球」）的上方，所以**月亮**的希臘語$\sigma\varepsilon\lambda\acute{\eta}\nu\eta$將此新元素命名為selenium。
硒的性質跟鄰居——同為氧族的硫S很類似，所以如果攝取過多的硒，原本會跟硫結合的胺基酸甲硫胺酸、半胱胺酸，會去跟硒結合，形成硒甲硫胺酸或硒半胱胺酸，要是再攝取蛋白質便會產生代謝異常。

35 Br 溴

發現者 德國：卡爾・雷威格（1825）
法國：安圖萬・巴拉爾（1826）

語源 臭的

希臘語βρῶμος（brômos）「臭的」
→ 法語brome「溴」
→ 英語bromine「溴」

名稱的由來

1826年時，法國化學家巴拉爾用海水加氯起反應發現新元素，所以基於拉丁語muria（鹽水）將其取名為muride。
1825年時，德國化學家雷威格也從礦泉中發現新元素，但發表論文較晚。之後，由於溴會發散刺激性臭味，法國的科學學院便以意為**「惡臭、臭味」**的希臘語βρῶμος替該物質取了法語brome的名稱。

36 Kr 氪

發現者
英國：威廉・拉姆賽、莫里斯・崔佛斯（1898）

語源 隱藏起來的

希臘語κρυπτός（kruptós）「隱藏起來的」+-on
→ 英語krypton「氪」

名稱的由來

1895年，漢普生開發了空氣液化機。1898年，英國化學家拉姆賽與崔佛斯使用該液化機製造大量液態空氣，分餾後發現新元素。由於該元素在鈍氣中的存在量少、不容易發現，如同「隱藏」在空氣中一般，所以取意為**「隱藏起來的」**希臘語κρυπτός將其命名為krypton。順帶一提，從希臘語κρυπτός衍生出的英語還有**cryptonym（匿名）**、**cryptograph（暗號）**、**cryptogam（隱花植物）**等。

紅寶石戒指。

37 Rb 銣

發現者
德國：羅伯特・本生、古斯塔夫・基爾霍夫（1861）

語源 紅色的

拉丁語rubidus「紅色的、紅寶石」+-ium
→英語rubidium「銣」

名稱的由來

本生與基爾霍夫使用自行開發的元素光譜分析儀發現銫，之後隔年又發現新元素。由於在光譜儀的光線呈**紅色**，所以用拉丁語**「紅色的」**取名為rubidium。這是指光譜呈紅色，並非銣的金屬或化合物呈紅色。

蘇格蘭

紅色箭頭處為斯壯梯恩。

38 Sr 鍶

發現者
英國：漢弗里・戴維（1808）

語源 蘇格蘭地名
斯壯梯恩

蘇格蘭的蓋爾語sròn「鼻子」
+sìthean[ʃiːan]「妖精之地」
→Sròn an t-Sìthein「斯壯梯恩，妖精棲息之地、形狀如鼻子之山丘」的意思
→英語Strontian「斯壯梯恩」
→英語strontium「鍶」

名稱的由來

1790年時，出身北愛爾蘭的醫師、化學家亞岱爾・克勞福與蘇格蘭的軍醫、化學家威廉・克魯克尚科從英國蘇格蘭**斯壯梯恩**的鉛礦山中取得鍶的礦石「斯壯梯恩石」，認為其中含有新的土族金屬。1793年，蘇格蘭醫師、化學家湯瑪斯・查爾斯・霍普將該元素取名為strontites，後來變化字尾，成了strontium。1808年時，首次由英國化學家戴維成功分離。

39 **Y** 釔

語源 瑞典地名
伊特比

地名Ytterby「伊特比」＋-ium
→ 英語yttrium「釔」

發現者

芬蘭：約翰・加多林（1794）

名稱的由來

源自發現原礦石的瑞典小村莊**伊特比**，不僅釔、鋱、鉺、鐿這4個元素名稱都是來自此地。伊特比（Ytterby）這名字在瑞典語中意為「外面的村子」，而這個村子位於瑞典首都斯德哥爾摩外，東北方約15km的小島上。

40 **Zr** 鋯

語源 寶石
鋯石

希臘語Συρικόν（Syrikón）「鋯、紅色的寶石」
如字面所示是「敘利亞的」（Syrian）
中期波斯語zargōn「鋯石」
→阿拉伯語زرقون（zarqūn）「鋯石」
→德語Zirkon「鋯石」＋-ium
→英語zirconium「鋯」

發現者 ①德國：馬丁・克拉普羅斯（1789）
②德國：詠斯・貝吉里斯（1824）

名稱的由來

1789年，德國化學家**克拉普羅斯**從錫蘭島（現在的斯里蘭卡）開採到的**鋯石**（主成分為矽酸鋯〔$ZrSiO_4$〕）中發現了未知元素的氧化物，所以用**鋯石**替該元素取了德語Zirkonerde（Zirkon＋Erde〔地、土壤〕）的名稱。之後英語稱之為zirconia。1808年，英國的戴維想利用電解熔鹽來分離元素，但失敗了。1824年，瑞典化學家**詠斯・貝吉里斯**用鉀還原六氟鋯酸鉀（K_2ZrF_6），首次成功分離新元素（但雜質很多）。

鋯石到了近代可在泰國、緬甸、澳洲開採到，但在此之前由斯里蘭卡獨家生產了2000年以上，因此鋯石這個詞傳入時是藉由中東語詞而來的。鋯石（zircon）從中期波斯語的**zargōn**經過阿拉伯語的زرقون再傳入歐洲。若繼續回溯則眾說紛紜，有源自意為「敘利亞的（石頭）」的說法、也有**zargōn**是中世紀波斯語zar（金子）加上**gōn**（顏色）形成的說法。此處的zar（金子、金色）再繼續回溯可得到原始印歐語*ghel-（光輝閃耀）。這種情況下，zirconium（鋯）、英語的gold（黃金）、chlorus（氯），甚至arsenic（砷）可能都來自共同的語源。

寶石的鋯石具有鑽石一般的光輝，稱呼隨著顏色不同而改變。黃色鋯石稱為Hyacinth，從花朵的風信子而來。鋯石礦別名為「風信子礦」，風信子就是Hyacinth。

StarLight指的是藍色的鋯石。

Jargoon指的是無色或淡黃色的鋯石。

石英	立方氧化鋯	鑽石
折射率1.53	折射率2.150	折射率2.417

1977年時舊蘇維埃首次合成立方氧化鋯（Cubic Zirconia，簡稱CZ），已知會用作鑽石的替代品。CZ主要成分為氧化鋯（ZrO_2），不同於天然鋯石。對了，寶石的光輝、光芒與折射率有很大的關係。天然寶石中折射率最大是鑽石的2.417，然而立方氧化鋯折射率有2.150，幾乎與之相同。

伊特比村

拿地名替元素取名很常見，而這個位於瑞典離島的小村莊甚至是4個元素名稱的語源。原本此處有個出產石英的長石（鹼及鹼土族金屬的鋁矽酸鹽）採石場，用於製造瓷器。某天在這礦山發現了又黑又重的礦石，1794年時以芬蘭化學家約翰．加多林之名將其命名為gadolinite。之後依序從中發現了釔（1794年）、鉺（1842年）、鋱（1842年）及鐿（1878年）4種元素。

還沒正式取名的時候，又從同個採石場發現另外3種元素，這下地名已經不夠用，所以各自取名為鈥（Ho，以斯德哥爾摩舊名來命名）、銩（Tm，取自斯堪地那維亞的舊名Thule）、釓（Gd，取自人名加多林）。

（岩村）

以伊特比為語源的元素

從伊特比（Ytterby）這個地名取1個字母、2個字母，或取中間的b，就像在玩文字遊戲一般創造新元素名稱。

Ytterby 伊特比：地名

39 **Yttrium** 釔 Y （1794 年加多林）

65 **Terbium** 鋱 Tb （1843 年莫桑德）

68 **Erbium** 鉺 Er （1843 年莫桑德）

70 **Ytterbium** 鐿 Yb （1878 年瑪里尼亞克）

以歐洲地名為語源的元素

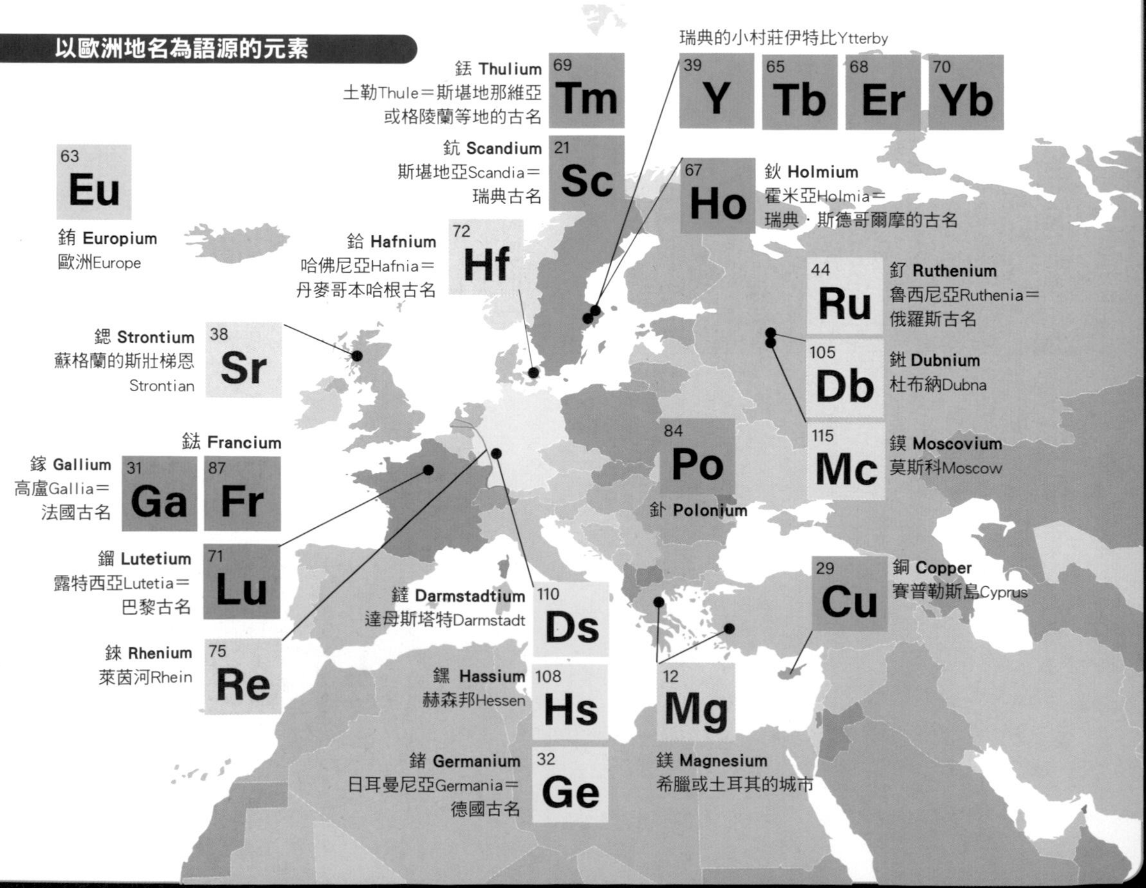

瑞典的小村莊伊特比Ytterby
39 Y
65 Tb
68 Er
70 Yb
銩 Thulium
土勒Thule＝斯堪地那維亞
或格陵蘭等地的古名
69 Tm
鈧 Scandium
斯堪地亞Scandia＝
瑞典古名
21 Sc
67 Ho
鈥 Holmium
霍米亞Holmia＝
瑞典．斯德哥爾摩的古名
63 Eu
銪 Europium
歐洲Europe
鉿 Hafnium
哈佛尼亞Hafnia＝
丹麥哥本哈根古名
72 Hf
44 Ru
釕 Ruthenium
魯西尼亞Ruthenia＝
俄羅斯古名
鍶 Strontium
蘇格蘭的斯壯梯恩
Strontian
38 Sr
105 Db
𨧀 Dubnium
杜布納Dubna
鍅 Francium
鎵 Gallium
高盧Gallia＝
法國古名
31 Ga
87 Fr
84 Po
釙 Polonium
115 Mc
鏌 Moscovium
莫斯科Moscow
鎦 Lutetium
露特西亞Lutetia＝
巴黎古名
71 Lu
29 Cu
銅 Copper
賽普勒斯島Cyprus
鐽 Darmstadtium
達母斯塔特Darmstadt
110 Ds
錸 Rhenium
萊茵河Rhein
75 Re
鍶 Hassium
赫森邦Hessen
108 Hs
12 Mg
鍺 Germanium
日耳曼尼亞Germania＝
德國古名
32 Ge
鎂 Magnesium
希臘或土耳其的城市

鋯

日本原子能研究開發機構位於福井縣敦賀市的快中子滋生式反應器「文殊」採用鈉冷卻法，於1995年金屬鈉K洩漏引起火災，並確定將廢爐。2011年3月11日發生了超過當初設計時預測的強烈地震及巨大海嘯，使東京電力福島第一核電廠設備受到毀滅性的破壞。冷卻水幫浦的電源中斷、核反應爐爐心熔融，再加上包覆核燃料棒使用的鋯合金-2（由重量百分比鋯98.25%、錫1.45%、鉻0.10%、鐵0.135%、鎳0.055%、鉿0.01%所組成）與高溫水起反應、破壞水分子並產生氫氣，累積在建築物的天花板，爆炸時將放射性物質大範圍擴散出去。

快中子滋生式反應器「文殊」。
圖片：shutterstock.com

鈉為第1族元素、鋯為第4族元素，或許確實有不易捕捉中子的優點，但容易藉著水氧化、放出氫氣。下方的式子（1）可見到氧氣氧化金屬M（M＝Na或Zr），而水被還原的情況。鋯在低溫下穩定，但到了100℃以上則會加速反應。目前已知即使是核燃料棒用合金，溫度達850℃後也會開始產生氫氣。當氫氣在空氣中累積到了4～75%，只要稍有靜電程度的能量便有可能點火、引起爆炸。

$$M + H_2O \rightarrow H_2 + MO \qquad M = Na, Zr \quad (1)$$

以氫燃料電池實用化為目標，控制氫氣、燃燒時必要的觸媒包含以鉑類為首的各種觸媒，目前都在研究開發且使用中。因此無論多超乎意料，若能監控核能發電廠建築內的氫氣濃度，準備好緊急時填充氮氣，或者在天花板等處配置數個能分解氫氣的觸媒，或許就能防止福島第一核電廠的氫氣爆炸了。

中子吸收截面

週期表中各元素的四角框內，以原子序為首，塞進了各種資訊，各元素固有的物理常數多到放不下，其中之一是中子吸收截面。原子構成物質，由於中子不帶電荷，所以原子核受到撞擊時，會產生吸收反應，而中子吸收截面則表示該機率的值。

（岩村）

41 Nb 鈮

語源 希臘神話中巨人的女兒
妮娥碧

希臘語Νιόβη（Nióbē）「妮娥碧」
＋-ium
→ 英語niobium

妮娥碧向女神麗托炫耀自己有很多孩子，憤怒的麗托（她只有阿波羅及阿爾提米絲兩個孩子）要阿波羅及阿爾提米絲去殺了妮娥碧的孩子。

同個元素長久以來有 2 個名字

歐洲	美國
41 **Niobium** 鈮	41 **Columbium** 鈳
74 **Wolfram** 鎢	74 **Tungsten** 鎢

同個元素在美國與歐洲的稱呼卻完全不同，這種混亂狀態持續了一陣子。1949年IUPAC決定第74號元素名為在美國使用的Tungsten；相對的，第41號元素則採用歐洲使用的Niobium，兩者妥協。

41 **Niobium** 鈮   74 **Tungsten** 鎢

發現者
英國：查爾斯・哈契特（1801）

名稱的由來
1734年，美國的**約翰・文士羅普**（新世界的清教徒指導者、麻薩諸塞灣殖民地初代總督約翰・文士羅普的曾孫）從新英格蘭的鐵礦山中發現了新的礦物，將其命名為**哥倫布石**（**Columbite**，$(Fe,Mn)(Nb,Ta)_2O_6$），這是取自「發現」新大陸的克里斯多福・哥倫布及美國古名而來。哥倫布石的標本於1734年送往大英博物館，但就這麼放著。1801年，英國化學家**哈契特**注意到這被忽視的礦物標本，經過仔細分析，他得出其中含有未知元素的結論，並將其命名為**Columbium**（鈳，元素符號Cb）。

1802年，瑞典化學家**安德斯・埃克伯格**發現了週期表中在鈳下一位的新元素Tantalum（鉭，$_{73}$Ta）。

1809年，鉭的發現者威廉・沃勒斯頓誤將鈳與鉭視為同一元素。

1846年，研究哥倫布石的德國化學家**海因利希・洛熱**發表他發現了鉭以外的2種新元素。一個以希臘神話中坦塔羅斯王的女兒**Niobe（妮娥碧）**之名取名為niob，另一個則以妮娥碧哥哥Pelops（珀羅普斯）之名取名為pelopium。後來1865年時證實niob與columbium是同一種元素。然而在美國、英國等地仍持續使用columbium之名，但是別的國家則使用niob的稱呼，混亂持續了一段時間。直到1949年IUPAC採用niobium作為元素名稱。

42 Mo 鉬

語源 鉛

希臘語μόλυβδος（mólubdos）
「鉛、黑鉛」＋-ium
→ 希臘語μολύβδαινα（molýbdaina）
「類似鉛的金屬、重物」＋-ium
→ 拉丁語molybdaenum「鉬」
→ 英語molybdenum「鉬」

發現者
瑞典：彼得・葉爾姆（1781）

名稱的由來
1778年，瑞典的謝勒用硝酸處理輝鉬礦（molybdenite，MoS_2）時，得到未知元素的氧化物（三氧化鉬〔MoO_3〕），將其命名為wasserbleiered（水鉛土）。謝勒的朋友，同時也是瑞典化學家的**葉爾姆**用煤還原該氧化物，得到單質新元素。葉爾姆以當時輝鉬礦別名**「molýbdaina」**將新元素命名為**molybdenum**。molýbdaina是從希臘語μόλυβδος（**鉛**）創造出的詞，廣泛指稱各種與鉛有關的物品（鉛的重物、鉛的硫化物方鉛礦，或是類似方鉛礦的輝鉬礦等等）。molybdaina的陰性名詞字尾-aina進入拉丁語時寫作-aena，接上中性名詞字尾-um，變成了-aenum。最後音韻變化成-enum，形成英語的molybdenum。

元素、月份、星期名稱與希臘、羅馬神話

從本頁的圖可知，許多元素名稱取自希臘、羅馬神話。來自羅馬神話的元素名稱會用紅色標示，不過羅馬神話有大部分直接傳承自希臘神話。比方說希臘神話的宙斯被認為跟羅馬神話的朱比特是同一神祇，人物關係圖也相當類似。替元素命名時，像鉭跟鈮這種在週期表上相鄰的元素，也有的會用關係圖上接近的人物來命名。此外羅馬神話諸神的名字也與星球名稱關係密切。

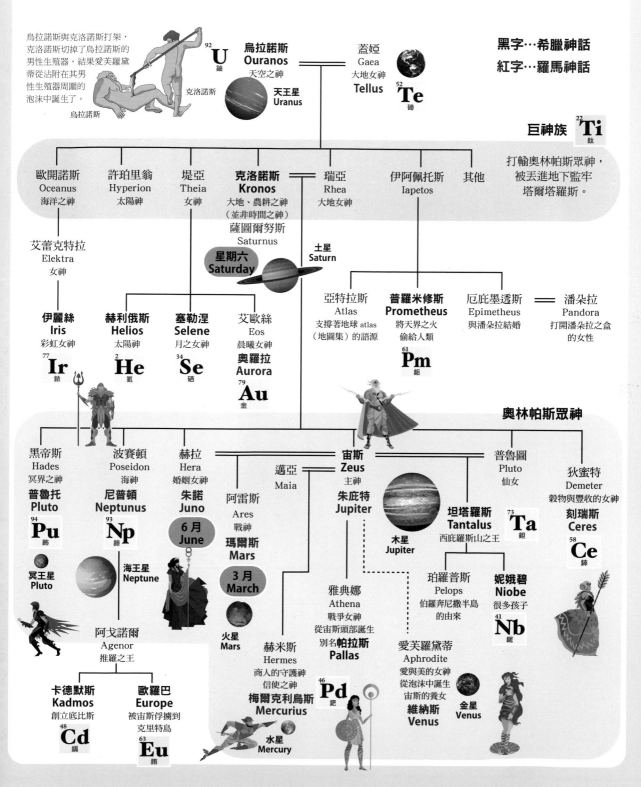

烏拉諾斯與克洛諾斯打架，克洛諾斯切掉了烏拉諾斯的男性生殖器，結果愛芙羅黛蒂從附在其男性生殖器周圍的泡沫中誕生了。

克洛諾斯
烏拉諾斯

烏拉諾斯
Ouranos
天空之神

92
U
鈾

天王星
Uranus

蓋婭
Gaea
大地女神
Tellus

52
Te
碲

黑字…希臘神話
紅字…羅馬神話

巨神族　22 **Ti** 鈦

打輸奧林帕斯眾神，被丟進地下監牢塔爾塔羅斯。

歐開諾斯　Oceanus　海洋之神
許珀里翁　Hyperion　太陽神
堤亞　Theia　女神
克洛諾斯 Kronos 大地、農耕之神（並非時間之神）薩圖爾努斯 Saturnus
瑞亞　Rhea　大地女神
伊阿佩托斯　Iapetos
其他

星期六 Saturday
土星 Saturn

艾蕾克特拉　Elektra　女神

伊麗絲 Iris 彩虹女神　77 **Ir** 銥
赫利俄斯 Helios 太陽神　2 **He** 氦
塞勒涅 Selene 月之女神　34 **Se** 硒
艾歐絲 Eos 晨曦女神 **奧羅拉 Aurora** 79 **Au** 金

亞特拉斯 Atlas 支撐著地球 atlas（地圖集）的語源
普羅米修斯 Prometheus 將天界之火偷給人類 61 **Pm** 鉕
厄庇墨透斯 Epimetheus 與潘朵拉結婚
潘朵拉 Pandora 打開潘朵拉之盒的女性

奧林帕斯眾神

黑帝斯 Hades 冥界之神 **普魯托 Pluto** 94 **Pu** 鈽 冥王星 Pluto
波賽頓 Poseidon 海神 **尼普頓 Neptunus** 93 **Np** 錼 海王星 Neptune
赫拉 Hera 婚姻女神 **朱諾 Juno** 6月 June
邁亞 Maia
宙斯 Zeus 主神 **朱庇特 Jupiter** 木星 Jupiter
普魯圖 Pluto 仙女
狄蜜特 Demeter 穀物與豐收的女神

阿雷斯 Ares 戰神 **瑪爾斯 Mars** 3月 March 火星 Mars

坦塔羅斯 Tantalus 西庇羅斯山之王 73 **Ta** 鉭
刻瑞斯 Ceres 58 **Ce** 鈰

雅典娜 Athena 戰爭女神 從宙斯頭部誕生 別名**帕拉斯 Pallas**
珀羅普斯 Pelops 伯羅奔尼撒半島的由來
妮娥碧 Niobe 很多孩子 41 **Nb** 鈮

赫米斯 Hermes 商人的守護神 信使之神 **梅爾克利烏斯 Mercurius** 水星 Mercury
46 **Pd** 鈀
愛芙羅黛蒂 Aphrodite 愛與美的女神 從泡沫中誕生 宙斯的養女 **維納斯 Venus** 金星 Venus

阿戈諾爾 Agenor 推羅之王
卡德默斯 Kadmos 創立底比斯 48 **Cd** 鎘
歐羅巴 Europe 被宙斯俘擄到克里特島 63 **Eu** 銪

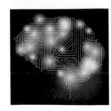

43 **Tc** 鎝

語源　人工的

希臘語τέχνη（tékhnē）「技術」
→ 希臘語τεχνητός（tekhnētós）「人工的」+-ium
→ 英語technetium「鎝」

發現者
義大利：耶密流·瑟格瑞、卡羅·佩里耶（1937）

名稱的由來

為了發現週期表中長期空著位置的第43號元素，眾多研究者努力探索著。雖然好幾次發表報告說發現了新元素，但之後都證實是誤解。

●1828年，德國化學家哥特弗利德·奧散發表從鉑礦石中發現新元素，取名為**polinium**，但後來證實是混有雜質的銥。

●1846年，德國化學家魯道夫·黑爾曼發表他發現新元素，取名為**ilmenium**，但其實是含有雜質的鈮與鉭合金。

●1847年，德國礦物學家海因利希·洛熱聲稱他發現新元素，並命名為**Pelopium**（取自希臘神話坦塔羅斯之子珀羅普斯），結果這是鈮與鉭的合金。

●1877年，俄羅斯科學家謝爾蓋·考恩發表從鉑礦石中發現的新元素，他以英國化學家漢弗里·戴維的名字將其取名為**dabyum**，然而之後證實那是銠、銥、鐵的混合物。

●1896年，法國科學家普洛斯貝·巴里耶從鈰獨居石中發現新元素，命名為**Lucium**。

●1908年，化學家小川正孝發表發現第43號元素，命名為**nipponium**，但後續重複試驗並未成功。實際上所發現的可能是第75號元素的錸。

●1925年，發現第75號元素錸的瓦爾特·諾達克、伊妲·塔克、奧托·伯格也發表他們發現了第43號元素，將其命名為**masurium**（取自東普魯士的馬蘇里亞〔Masuria〕）。但因重複試驗不成功而被否決了。

1936年，義大利物理學家**瑟格瑞**與妻子一起到美國旅行時，拜訪了勞倫斯利物浦國家實驗室。瑟格瑞拜託歐內斯特·勞倫斯所長，看有沒有什麼迴旋加速器不需要、具有放射性的樣品能讓他帶回去，因為瑟格瑞預測其中有某種半衰期長的有趣物質存在。回到義大利後，瑟格瑞知道他帶回來的樣品中含有各式各樣放射性物質，因此立即著手使用其中半衰期14.3天的磷32（32p），進行人體代謝相關的共同研究。

1937年，親切的勞倫斯所長送來了迴旋加速器樣品之一、用於稱為偏轉板（deflector）的鉬箔。瑟格瑞在化學分析領域頂尖的化學家**佩里耶**的協助下，發現了新元素鎝。這是史上首次**人工**製造出元素，所以將其命名為technetium。

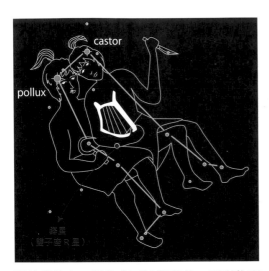

castor

pollux

鎝星
（雙子座R星）

雖然鎝是人工製造出而被發現的，不過物理學家也針對「即使微量，自然界中是否也存在著這種元素？」這點進行調查研究。終於在1952年，由天文學家保羅·梅里爾確認了紅巨星存在著鎝的光譜，證明了紅巨星中確實有重元素的合成。

含有鎝的星星稱為「鎝星」，最顯著的例子就是雙子座R星。其實除了鎝以外，還有其他富含特定元素的星星，例如銀星（摩羯座ζ星）、碳星（天兔座R星、長蛇座V星）、汞錳星（仙女座α星「壁宿二」）、含有鋯或鈦的S型星（天鵝座χ星）等等。

為什麼鎝幾乎不存在於自然界中？

原子核的質子與中子數量若為偶數則穩定，奇數則有不穩定的傾向。右圖是將鎝附近主要同位素原子量週期表（次頁）放大的圖。原子序（也就是質子數）為偶數者的元素穩定同位素多，奇數者則少。

21 **Sc** 鈧 44.96	22 **Ti** 鈦 47.88	23 **V** 釩 50.94	24 **Cr** 鉻 52.00	25 **Mn** 錳 54.94	26 **Fe** 鐵 55.85	27 **Co** 鈷 58.93
^{45}Sc 100%	^{46}Ti 8.0% ^{47}Ti 7.3% ^{48}Ti 73.8% ^{49}Ti 5.5% ^{50}Ti 5.4%	^{50}V 0.25% ^{51}V 99.75%	^{50}Cr 4.345% ^{52}Cr 83.789% ^{53}Cr 9.501% ^{54}Cr 2.365%	^{55}Mn 100%	^{54}Fe 5.8% ^{56}Fe 91.72% ^{57}Fe 2.2% ^{58}Fe 0.28%	^{59}Co 100%
39 **Y** 釔 88.91	40 **Zr** 鋯 91.22	41 **Nb** 鈮 92.91	42 **Mo** 鉬 95.94	43 **Tc** 鎝 (98)	44 **Ru** 釕 101.1	45 **Rh** 銠 102.9
^{89}Y 100%	^{90}Zr 51.45% ^{91}Zr 11.22% ^{92}Zr 17.15% ^{94}Zr 17.38% ^{96}Zr 2.8%	^{93}Nb 100%	^{92}Mo 14.84% ^{97}Mo 9.55% ^{94}Mo 9.25% ^{98}Mo 24.13% ^{95}Mo 15.92% ^{100}Mo 9.63% ^{96}Mo 16.68%	無穩定同位素	^{96}Ru 5.52% ^{101}Ru 17.0% ^{98}Ru 1.88% ^{102}Ru 31.6% ^{99}Ru 12.7% ^{104}Ru 18.7% ^{100}Ru 12.6%	^{103}Rh 100%

	91 **Ru** 釕91 0% 3.14分	92 **Ru** 釕92 0% 4.25分	93 **Ru** 釕93 0% 2.75小時	94 **Ru** 釕94 0% 293分	95 **Ru** 釕95 0% 20.0小時	96 **Ru** 釕96 5.52% 穩定同位素	97 **Ru** 釕97 0% 2.9日	98 **Ru** 釕98 1.88% 穩定同位素	99 **Ru** 釕99 12.7% 穩定同位素	100 **Ru** 釕100 12.6% 穩定同位素
	91 **Tc** 鎝91 0% 3.14分	92 **Tc** 鎝92 0% 4.25分	93 **Tc** 鎝93 0% 2.75小時	94 **Tc** 鎝94 0% 293分	95 **Tc** 鎝95 0% 20.0小時	96 **Tc** 鎝96 0% 4.28日	97 **Tc** 鎝97 0% 260萬年	98 **Tc** 鎝98 0% 420萬年	99 **Tc** 鎝99 0% 21萬年	100 **Tc** 鎝100 0% —
	91 **Mo** 鉬91 0% 15.49分	92 **Mo** 鉬92 14.84% 穩定同位素	93 **Mo** 鉬93 0% 4,000年	94 **Mo** 鉬94 9.25% 穩定同位素	95 **Mo** 鉬95 15.92% 穩定同位素	96 **Mo** 鉬96 16.68% 穩定同位素	97 **Mo** 鉬97 9.55% 穩定同位素	98 **Mo** 鉬98 24.13% 穩定同位素	99 **Mo** 鉬99 0% 2.74小時	100 **Mo** 鉬100 9.63% $7.8×10^{23}$年
	91 **Nb** 鈮91 0% 60.86日	92 **Nb** 鈮92 0% 3470萬年	93 **Nb** 鈮93 100% 穩定同位素	94 **Nb** 鈮94 0% 2.03萬年	95 **Nb** 鈮95 0% 34.99日	96 **Nb** 鈮96 0% 23.35小時	97 **Nb** 鈮97 0% 72.1分	98 **Nb** 鈮98 0% 2.86秒	99 **Nb** 鈮99 0% 15.0秒	100 **Nb** 鈮100 0% 1.5秒

質子數與中子數的穩定比隨元素不同，若原子序小，質子與中子數相同則穩定，隨著原子序越大，中子略多者較穩定。將核種表中最穩定的原子核連線，這條線稱為 **β 穩定線**。上圖是將核種表鎝附近放大的圖，橫列為同原子序，縱排為同質量數，質子數為偶數者塗成黃色，中子數為偶數者則塗成藍色，β 穩定線則為粉紅色。離 β 穩定線越遠顏色越淺，可想見顏色越深越穩定，越淺的越不穩定。 β 穩定線通過鈮Nb時是在鈮93（^{93}Nb）質子數奇數、中子數偶數；相對的，通過鎝98（^{98}Tc）則是質子、中子皆為奇數。實際上，質子、中子都是奇數但形成穩定同位數的，只有^{2}H、^{6}Li、^{10}B、^{14}N這4種元素。

	91 **Ru** 釕91 0% 3.14分	92 **Ru** 釕92 0% 4.25分	93 **Ru** 釕93 0% 2.75小時	94 **Ru** 釕94 0% 293分	95 **Ru** 釕95 0% 20.0小時	96 **Ru** 釕96 5.52% 穩定同位素	97 **Ru** 釕97 0% 2.9日	98 **Ru** 釕98 1.88% 穩定同位素	99 **Ru** 釕99 12.7% 穩定同位素	100 **Ru** 釕100 12.6% 穩定同位素
	91 **Tc** 鎝91 0% 3.14分	92 **Tc** 鎝92 0% 4.25分	93 **Tc** 鎝93 0% 2.75小時	94 **Tc** 鎝94 0% 293分	95 **Tc** 鎝95 0% 20.0小時	96 **Tc** 鎝96 0% 4.28日	97 **Tc** 鎝97 0% 260萬年	98 **Tc** 鎝98 0% 420萬年	99 **Tc** 鎝99 0% 21萬年	100 **Tc** 鎝100 0% —
	91 **Mo** 鉬91 0% 15.49分	92 **Mo** 鉬92 14.84% 穩定同位素	93 **Mo** 鉬93 0% 4,000年	94 **Mo** 鉬94 9.25% 穩定同位素	95 **Mo** 鉬95 15.92% 穩定同位素	96 **Mo** 鉬96 16.68% 穩定同位素	97 **Mo** 鉬97 9.55% 穩定同位素	98 **Mo** 鉬98 24.13% 穩定同位素	99 **Mo** 鉬99 0% 2.74小時	100 **Mo** 鉬100 0% $7.8×10^{23}$年
	91 **Nb** 鈮91 0% 60.86日	92 **Nb** 鈮92 0% 3470萬年	93 **Nb** 鈮93 100% 穩定同位素	94 **Nb** 鈮94 0% 2.03萬年	95 **Nb** 鈮95 0% 34.99日	96 **Nb** 鈮96 0% 23.35小時	97 **Nb** 鈮97 0% 72.1分	98 **Nb** 鈮98 0% 2.86秒	99 **Nb** 鈮99 0% 15.0秒	100 **Nb** 鈮100 0% 1.5秒

上圖是用顏色來區分核種半衰期，藍色越深越穩定，最藍的部分是穩定同位素。雖然實際上並非這麼簡單區分，但此有助於探討鎝幾乎不存在於自然界的理由。

標示主要同位素組成之原子量週期表

開頭「元素之發現與週期表」專欄（p.8）便已提到「各元素是由最小單位的原子所組成，將氫的質量視為1，依照原子量的順序排列，便可發現反應性或其他各種性質的週期性」。元素的原子量可想見是**整數**。然而已知**幾乎所有元素都具有相同質子數（因此同電子數）、相同原子序、化學性質類似的同位素存在**。這些核種的中子數（質量數A－原子序Z）不同，所以稱為**同位素**。由於有同位素，原子量不會是整數，以碳為例，自然界穩定的同位素有^{12}C與^{13}C，質量各為12與13.003，自然界的豐度比為98.93及1.07%。因此碳元素質量為12 × 0.9893 ＋ 13.003 × 0.0107 ＝ 12.01。此外，1961年時定義了元素的**原子量**為「質量數12的碳（^{12}C）其質量為12（無小數點）時的相對質量」。

（岩村）

第1族								
1 H 氫 1.008 ^1H 99.985% ^2H 0.015%								

鹼金屬 / 第2族 鹼土金屬

		第3族 鈧族	第4族 鈦族	第5族 釩族	第6族 鉻族	第7族 錳族	第8族	第9族
3 Li 鋰 6.941 ^6Li 7.5% ^7Li 92.5%	**4 Be** 鈹 9.012 ^9Be 100%							
11 Na 鈉 22.99 ^{23}Na 100%	**12 Mg** 鎂 24.31 ^{24}Mg 78.99% ^{25}Mg 10% ^{26}Mg 11.01%							
19 K 鉀 39.10 ^{39}K 93.26% ^{40}K 0.012% ^{41}K 6.73%	**20 Ca** 鈣 40.08 ^{40}Ca 96.941% ^{42}Ca 0.647% ^{43}Ca 0.135% ^{44}Ca 2.086%	**21 Sc** 鈧 44.96 ^{45}Sc 100%	**22 Ti** 鈦 47.88 ^{46}Ti 8.0% ^{47}Ti 7.3% ^{48}Ti 73.8% ^{49}Ti 5.5% ^{50}Ti 5.4%	**23 V** 釩 50.94 ^{50}V 0.25% ^{51}V 99.75%	**24 Cr** 鉻 52.00 ^{50}Cr 4.345% ^{52}Cr 83.789% ^{53}Cr 9.501% ^{54}Cr 2.365%	**25 Mn** 錳 54.94 ^{55}Mn 100%	**26 Fe** 鐵 55.85 ^{54}Fe 5.8% ^{56}Fe 91.72% ^{57}Fe 2.2% ^{58}Fe 0.28%	**27 Co** 鈷 58.93 ^{59}Co 100%
37 Rb 銣 85.47 ^{85}Rb 72.168% ^{87}Rb 27.835%	**38 Sr** 鍶 87.62 ^{84}Sr 0.56% ^{86}Sr 9.86% ^{87}Sr 7.0% ^{88}Sr 82.58%	**39 Y** 釔 88.91 ^{89}Y 100%	**40 Zr** 鋯 91.22 ^{90}Zr 51.45% ^{91}Zr 11.22% ^{92}Zr 17.15% ^{94}Zr 17.38% ^{96}Zr 2.8%	**41 Nb** 鈮 92.91 ^{93}Nb 100%	**42 Mo** 鉬 95.94 ^{92}Mo 14.84% ^{94}Mo 9.25% ^{95}Mo 15.92% ^{96}Mo 16.68% ^{97}Mo 9.55% ^{98}Mo 24.13% ^{100}Mo 9.63%	**43 Tc** 鎝 (98) 無穩定同位素	**44 Ru** 釕 101.1 ^{96}Ru 5.52% ^{98}Ru 1.88% ^{99}Ru 12.7% ^{100}Ru 12.6% ^{101}Ru 17.0% ^{102}Ru 31.6% ^{104}Ru 18.7%	**45 Rh** 銠 102.9 ^{103}Rh 100%
55 Cs 銫 132.9 ^{133}Cs 100%	**56 Ba** 鋇 137.3 ^{130}Ba 0.106% ^{132}Ba 0.101% ^{134}Ba 2.417% ^{135}Ba 6.592% ^{136}Ba 7.854% ^{137}Ba 11.23% ^{138}Ba 71.7%	鑭系元素	**72 Hf** 鉿 178.5 ^{174}Hf 0.162% ^{176}Hf 5.206% ^{177}Hf 18.606% ^{178}Hf 27.297% ^{179}Hf 13.629% ^{180}Hf 35.1%	**73 Ta** 鉭 180.9 ^{180m}Ta 0.012% ^{181}Ta 99.988%	**74 W** 鎢 183.9 ^{180}W 0.12% ^{182}W 26.50% ^{183}W 14.31% ^{184}W 30.64% ^{186}W 28.43%	**75 Re** 錸 186.2 ^{185}Re 37.4% ^{187}Re 62.6%	**76 Os** 鋨 190.2 ^{184}Os 0.02% ^{186}Os 1.59% ^{187}Os 1.96% ^{188}Os 13.24% ^{189}Os 16.15% ^{190}Os 26.26% ^{192}Os 40.78%	**77 Ir** 銥 192.2 ^{191}Ir 37.3% ^{193}Ir 62.7%
87 Fr 鍅 (223) 無穩定同位素	**88 Ra** 鐳 (226) ^{226}Ra ~100%	錒系元素	**104 Rf** 鑪 (261) 無穩定同位素	**105 Db** 𨧀 (262) 無穩定同位素	**106 Sg** 𨭎 (263) 無穩定同位素	**107 Bh** 𨨏 (262) 無穩定同位素	**108 Hs** 𨭆 (265) 無穩定同位素	**109 Mt** 䥑 (266) 無穩定同位素

原子核的質子與中子數量若為偶數則穩定，奇數則有不穩定的傾向。此表中深黃色底代表質子數為偶數。此外，中子數為偶數的同位素則以藍底表示。

	57 **La** 鑭 138.9 ^{138}La 0.09% ^{139}La 99.91%	58 **Ce** 鈰 140.1 ^{136}Ce 0.185% ^{138}Ce 0.251% ^{140}Ce 88.450% ^{142}Ce 11.114%	59 **Pr** 鐠 140.9 ^{141}Pr 100%	60 **Nd** 釹 144.2 ^{142}Nd 27.2% ^{143}Nd 12.2% ^{144}Nd 23.8% ^{145}Nd 8.3% ^{146}Nd 17.2% ^{148}Nd 5.7% ^{150}Nd 5.6%	61 **Pm** 鉅 (145) 安定同位体なし	62 **Sm** 釤 150.4 ^{144}Sm 3.07% ^{147}Sm 14.99% ^{148}Sm 11.24% ^{149}Sm 13.82% ^{150}Sm 7.38% ^{152}Sm 26.75% ^{154}Sm 22.75%
鑭系元素						
錒系元素	89 **Ac** 錒 (227) ^{227}Ac 100%	90 **Th** 釷 232.0 ^{232}Th 100%	91 **Pa** 鏷 231.0 ^{231}Pa ~100%	92 **U** 鈾 238.0 ^{234}U 0.0054% ^{235}U 0.7204% ^{238}U 99.2742%	93 **Np** 錼 (237) 無穩定同位素	94 **Pu** 鈽 (244) 無穩定同位素

原子量是指1mol（莫耳）原子的質量（g）。換句話說，**亞佛加厥常數6.02214076×10²³個碳原子**，相當於碳原子量的12.01g。亞佛加厥常數是連接原子這微觀世界與日常巨觀世界用的方便數字。此外，標準狀態下（溫度25℃，氣壓1bar〔約1大氣壓力〕），22.41383ℓ的氣體質量也等於其原子量。比方說，標準狀態下的氧氣22.4ℓ為16g。

以往物理學界是將^{16}O的質量視為16，化學界則是將自然界中所有氧同位素混合物的質量視為16。不過1961年時，統一基準將^{12}C的質量訂為12。

第18族
鈍氣

2 **He** 氦 4.003
³He 0.000137%
⁴He 99.999863%

第13族 硼族	第14族 碳族	第15族 氮族	第16族 氧族	第17族 鹵素	
5 **B** 硼 10.81	6 **C** 碳 12.01	7 **N** 氮 14.01	8 **O** 氧 16.00	9 **F** 氟 19.00	10 **Ne** 氖 20.18
¹⁰B 19.9% / ¹¹B 80.1%	¹²C 98.9% / ¹³C 1.1%	¹⁴N 99.634% / ¹⁵N 0.366%	¹⁶O 99.76% / ¹⁷O 0.039% / ¹⁸O 0.201%	¹⁹F 100%	²⁰Ne 90.48% / ²¹Ne 0.27% / ²²Ne 9.25%
13 **Al** 鋁 26.98	14 **Si** 矽 28.09	15 **P** 磷 30.97	16 **S** 硫 32.07	17 **Cl** 氯 35.45	18 **Ar** 氬 39.95
²⁷Al 100%	²⁸Si 92.23% / ²⁹Si 4.67% / ³⁰Si 3.1%	³¹P 100%	³²S 95.02% / ³³S 0.75% / ³⁴S 4.21% / ³⁶S 0.02%	³⁵Cl 75.77% / ³⁷Cl 24.23%	³⁶Ar 0.337% / ³⁸Ar 0.063% / ⁴⁰Ar 99.6%

第10族	第11族 銅族	第12族 鋅族						
28 **Ni** 鎳 58.69	29 **Cu** 銅 63.55	30 **Zn** 鋅 65.39	31 **Ga** 鎵 69.72	32 **Ge** 鍺 72.61	33 **As** 砷 74.92	34 **Se** 硒 78.96	35 **Br** 溴 79.90	36 **Kr** 氪 83.80
⁵⁸Ni 68.077% / ⁶⁰Ni 26.223% / ⁶¹Ni 1.14% / ⁶²Ni 3.634% / ⁶⁴Ni 0.926%	⁶³Cu 69.15% / ⁶⁵Cu 30.85%	⁶⁴Zn 48.6% / ⁶⁶Zn 27.9% / ⁶⁷Zn 4.1% / ⁶⁸Zn 18.8% / ⁷⁰Zn 0.6%	⁶⁹Ga 60.11% / ⁷¹Ga 39.89%	⁷⁰Ge 21.23% / ⁷²Ge 27.66% / ⁷³Ge 7.73% / ⁷⁴Ge 35.94% / ⁷⁶Ge 7.44%	⁷⁵As 100%	⁷⁴Se 0.87% / ⁷⁶Se 9.36% / ⁷⁷Se 7.63% / ⁷⁸Se 23.78% / ⁸⁰Se 49.61% / ⁸²Se 8.73%	⁷⁹Br 50.69% / ⁸¹Br 49.31%	⁷⁸Kr 0.35% / ⁸⁰Kr 2.25% / ⁸²Kr 11.6% / ⁸³Kr 11.5% / ⁸⁴Kr 57% / ⁸⁶Kr 17.3%
46 **Pd** 鈀 106.4	47 **Ag** 銀 107.9	48 **Cd** 鎘 112.4	49 **In** 銦 114.8	50 **Sn** 錫 118.7	51 **Sb** 銻 121.8	52 **Te** 碲 127.6	53 **I** 碘 126.9	54 **Xe** 氙 131.3
¹⁰²Pd 1.02% / ¹⁰⁴Pd 11.14% / ¹⁰⁵Pd 22.33% / ¹⁰⁶Pd 27.33% / ¹⁰⁸Pd 26.46% / ¹¹⁰Pd 11.72%	¹⁰⁷Ag 51.839% / ¹⁰⁹Ag 48.161%	¹⁰⁶Cd 1.25% / ¹⁰⁸Cd 0.89% / ¹¹⁰Cd 12.49% / ¹¹¹Cd 12.8% / ¹¹²Cd 24.13% / ¹¹³Cd 12.22% / ¹¹⁴Cd 28.73% / ¹¹⁶Cd 7.49%	¹¹³In 4.3% / ¹¹⁵In 95.7%	¹¹²Sn 0.97% / ¹¹⁴Sn 0.66% / ¹¹⁵Sn 0.34% / ¹¹⁶Sn 14.54% / ¹¹⁷Sn 7.68% / ¹¹⁸Sn 24.22% / ¹¹⁹Sn 8.59% / ¹²⁰Sn 32.58% / ¹²²Sn 4.63% / ¹²⁴Sn 5.79%	¹²¹Sb 57.36% / ¹²³Sb 42.64%	¹²⁰Te 0.09% / ¹²²Te 2.55% / ¹²³Te 0.89% / ¹²⁴Te 4.74% / ¹²⁵Te 7.07% / ¹²⁶Te 18.84% / ¹²⁸Te 31.74% / ¹³⁰Te 34.08%	¹²⁷I 100%	¹²⁴Xe 0.095% / ¹²⁶Xe 0.089% / ¹²⁸Xe 1.91% / ¹²⁹Xe 26.4% / ¹³⁰Xe 4.07% / ¹³¹Xe 21.2% / ¹³²Xe 26.9% / ¹³⁴Xe 10.4% / ¹³⁶Xe 8.86%
78 **Pt** 鉑 195.1	79 **Au** 金 197.0	80 **Hg** 汞 200.6	81 **Tl** 鉈 204.4	82 **Pb** 鉛 207.2	83 **Bi** 鉍 209.0	84 **Po** 釙 (209)	85 **At** 砈 (210)	86 **Rn** 氡 (222)
¹⁹⁰Pt 0.014% / ¹⁹²Pt 0.782% / ¹⁹⁴Pt 32.967% / ¹⁹⁵Pt 33.832% / ¹⁹⁶Pt 25.242% / ¹⁹⁸Pt 7.163%	¹⁹⁷Au 100%	¹⁹⁶Hg 0.15% / ¹⁹⁸Hg 9.97% / ¹⁹⁹Hg 16.87% / ²⁰⁰Hg 23.1% / ²⁰¹Hg 13.18% / ²⁰²Hg 29.86% / ²⁰⁴Hg 6.87%	²⁰³Tl 29.524% / ²⁰⁵Tl 70.476%	²⁰⁴Pb 1.4% / ²⁰⁶Pb 24.1% / ²⁰⁷Pb 22.1% / ²⁰⁸Pb 52.4%	²⁰⁹Bi 100%	無穩定同位素	無穩定同位素	無穩定同位素
110 **Ds** 鐽 (271)	111 **Rg** 錀 (272)	112 **Cn** 鎶 (277)	113 **Nh** 鉨 (286)	114 **Fl** 鈇 (289)	115 **Mc** 鏌 (289)	116 **Lv** 鉝 (293)	117 **Ts** 鿬 (294)	118 **Og** 鿫 (294)
無穩定同位素	無穩定同位素	無穩定同位素	無穩定同位素	無穩定同位素	無穩定同位素	無穩定同位素	無穩定同位素	無穩定同位素

63 **Eu** 銪 152.0	64 **Gd** 釓 157.3	65 **Tb** 鋱 158.9	66 **Dy** 鏑 162.5	67 **Ho** 鈥 164.9	68 **Er** 鉺 167.3	69 **Tm** 銩 168.9	70 **Yb** 鐿 173.0	71 **Lu** 鎦 175.0
¹⁵¹Eu 47.8% / ¹⁵³Eu 52.2%	¹⁵²Gd 0.20% / ¹⁵⁴Gd 2.18% / ¹⁵⁵Gd 14.80% / ¹⁵⁶Gd 20.47% / ¹⁵⁷Gd 15.65% / ¹⁵⁸Gd 24.84% / ¹⁶⁰Gd 21.86%	¹⁵⁹Tb 100%	¹⁵⁶Dy 0.06% / ¹⁵⁸Dy 0.10% / ¹⁶⁰Dy 2.34% / ¹⁶¹Dy 18.91% / ¹⁶²Dy 25.51% / ¹⁶³Dy 24.90% / ¹⁶⁴Dy 28.18%	¹⁶⁵Ho 100%	¹⁶²Er 0.139% / ¹⁶⁴Er 1.601% / ¹⁶⁶Er 33.503% / ¹⁶⁷Er 22.869% / ¹⁶⁸Er 26.978% / ¹⁷⁰Er 14.910%	¹⁶⁹Tm 100%	¹⁶⁸Yb 0.13% / ¹⁷⁰Yb 3.04% / ¹⁷¹Yb 14.28% / ¹⁷²Yb 21.83% / ¹⁷³Yb 16.13% / ¹⁷⁴Yb 31.83% / ¹⁷⁶Yb 12.76%	¹⁷⁵Lu 97.41% / ¹⁷⁶Lu 2.59%
95 **Am** 鋂 (243)	96 **Cm** 鋦 (247)	97 **Bk** 鉳 (247)	98 **Cf** 鉲 (251)	99 **Es** 鑀 (252)	100 **Fm** 鐨 (257)	101 **Md** 鍆 (258)	102 **No** 鍩 (259)	103 **Lr** 鐒 (260)
無穩定同位素	無穩定同位素	無穩定同位素	無穩定同位素	無穩定同位素	無穩定同位素	無穩定同位素	無穩定同位素	無穩定同位素

從俄羅斯語**Русь**衍生出「俄羅斯」、「魯西尼亞」等語詞。位於波蘭與俄羅斯間的小國Belarus則意為「白俄羅斯」。

⁴⁴**Ru**釕

語源 俄羅斯地區的地名
魯西尼亞

俄羅斯語**Русь**「羅斯人」
→ 拉丁語**Ruthenia**「魯西尼亞」
+-ium
→ 英語**ruthenium**「釕」

波蘭
←白俄羅斯共和國
烏克蘭
俄羅斯
哈薩克共和國　蒙古　　　日本
中國

發現者
俄羅斯：卡爾·克勞斯（1844）

名稱的由來
1828年，研究鉑族金屬的德國化學家哥特弗利德·奧散（Gottfried Osann）發表報告說他從俄羅斯烏拉爾山脈的鉑礦石中發現3種新元素——pluranium（**pl**atinum與**Ura**l的合成語）、ruthenium及polinium。ruthenium是取自表示包含俄羅斯地區的拉丁語**Ruthenia（魯西尼亞）**。然而分離出來的量少，又是純度低的氧化物，之後他就自己撤回了報告，並說明pluranium是鈦、鋯及矽的混合物，而polinium則是低純度的銥。
1844年俄羅斯的克勞斯重複奧散的實驗，再次成功分離出新元素，便留下了ruthenium的名稱。

⁴⁵**Rh**銠

語源 薔薇

希臘語ρόδον（rhódon）「薔薇」
+-ium
→ 英語rhodium「銠」

發現者
英國：威廉·沃勒斯頓（1803）

名稱的由來
英國化學家**沃勒斯頓**就讀劍橋大學時，與化學家**史密森·田南特**成了好朋友。沃勒斯頓一開始是當開業醫生，不過他注意到尚未工業化的貴金屬鉑，1800年起便專注於研究鉑的精煉法。接著他與從事鉑業務相關的田南特攜手合作，相互交流資金及科學方面的資訊。
若將鉑礦石溶於王水中，會殘留黑色物質，但當時認為那只不過是黑鉛之類的東西。認為其中含有某種新物質的沃勒斯頓與田南特達成協議，溶解鉑礦後的王水**溶液**交給沃勒斯頓研究，而無法溶解的**殘留物**則交給田南特。終於1803年時，田南特從殘留物中發現鋨與銥。同年，沃勒斯頓則發現了銠與鈀，兩人各自發現了兩種鉑族元素。銠的名字是取自銠化合物水溶液呈**「薔薇」**色的緣故。
沃勒斯頓想出鉑這種具延展性金屬的精煉法，靠著販賣鉑金賺取巨大財富。他也成功製造出極細的鉑線，這種線被稱為**「沃勒斯頓線」**。沃勒斯頓不僅是個化學家，也因為天文學家的身分廣為人知，他是第一位發現太陽光譜中有黑暗特徵譜線（所謂的夫朗和斐譜線〔Fraunhofer lines〕）的人。此外，他也研究鏡頭或稜鏡等光學儀器，發明了稱為**沃勒斯頓稜鏡（Wollaston prism）**的偏光稜鏡，以及用於輔助繪圖的**顯微鏡繪圖器（camera lucida）**。

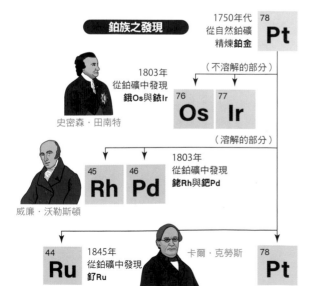

鉑族之發現

史密森·田南特

威廉·沃勒斯頓

卡爾·克勞斯

1750年代
從自然鉑礦
精煉**鉑金**
⁷⁸ **Pt**

（不溶解的部分）

1803年
從鉑礦中發現
鋨Os與銥Ir
⁷⁶ **Os**　⁷⁷ **Ir**

（溶解的部分）

1803年
從鉑礦中發現
銠Rh與鈀Pd
⁴⁵ **Rh**　⁴⁶ **Pd**

1845年
從鉑礦中發現
釕Ru
⁴⁴ **Ru**

⁷⁸ **Pt**

元素收藏（實物週期表篇）

身為元素狂熱者，絕對會蒐集各種元素單質標本、礦石標本或各式各樣元素製品。說這些話的筆者也不例外，所有個人能到手的元素單質標本總共蒐集到了88種（雖然沒蒐集到釙、鈾、鉕以外的鋼系元素、鎝、氡、鋨、鐳及超鋼系元素就是了）。

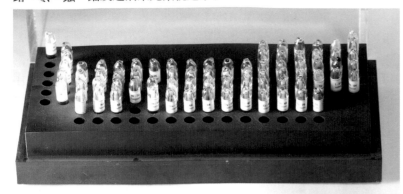

為了此種蒐集元素狂熱者，市面上出現了各種產品。

●其中之一是美國元素標本廠商進口的迷你實物週期表。各個元素被裝入小玻璃安瓿瓶，埋進厚重的塑膠容器洞穴，外頭用壓克力蓋子覆蓋，是非常有品味的產品。

●溴與汞液體在小小的玻璃瓶中會流動，能體驗到完全不同的動態。只有氟不是單質，而是放了氟化鈣（CaF_2）的白色粉末。

●鎝、鉕的地方空著。此外，其中也沒有鹼金屬與鋼系元素。鈍氣、氫、氧、氮則有封進玻璃管。

自家沒有實物週期表的各位，世界各地或者日本各地的科學博物館中都有展示實物週期表，請去觀賞吧！

國立科學博物館的實物週期表。　照片：shutterstock.com

莫斯科太空人紀念博物館的實物週期表。

圖片為希臘神話的女神雅典娜（智神星帕拉斯）。

46 **Pd** 鈀

語源 小行星
智神星帕拉斯

希臘語 **Παλλάς**（Pallás）
「智神星帕拉斯」+-**ium**
→ palladium

智神星帕拉斯的軌道

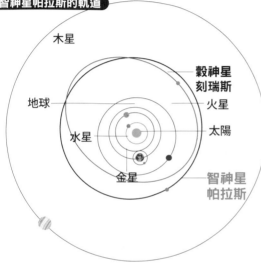

發現者
英國：威廉‧沃勒斯頓（1803）

名稱的由來

1803年，英國化學家**沃勒斯頓**從溶解鉑礦的王水液體中發現第45號元素銠及第46號元素。第46號元素前一年發現的小行星**智神星帕拉斯**來命名為palladium。而小行星帕拉斯（Pallas）則是取自希臘神話中雅典娜女神的別名帕拉斯。
沃勒斯頓既是化學家，同時也是商人。一般的元素發現者會馬上發表論文，證明自己是第一發現者，不過沃勒斯頓卻想到，如果發表了論文，萃取新元素的方法也會廣為人知，便不利於做生意了。1803年，他匿名送給倫敦的化學家一張主旨為「鈀，新的銀、新的貴金屬」的傳單，宣傳要用金的6倍價格販售鈀的金屬標本。這種用「販售新元素」傳單發表新元素的手法前所未聞。愛爾蘭出身的化學家理查‧切涅維克斯看到廣告，買下所有標本進行調查，得出鈀是汞與鉑合金的結論並發表在科學雜誌上，反駁鈀是新元素的說法。沃勒斯頓又轉個彎應對，匿名公開徵求照切涅維克斯所說，能成功合成鈀「合金」的人，獎金20英鎊。接著沃克蘭、戴維和克拉普羅斯等眾多化學家紛紛進行挑戰，但都失敗了。最後沃勒斯頓才發表詳細的論文，眾人也都認可鈀是新元素。

47 **Ag** 銀

語源 閃耀、白色的

原始印歐語 *arg-「閃耀、白色的」
→ 希臘語 **ἄργυρος**（árgyos）「銀」
→ 拉丁語 **argentum**「銀」

原始日耳曼語 silubrą「銀」
→ 古英語 seolfor「銀」
→ 英語 silver「銀」

發現者
自古以來便已知

名稱的由來

元素符號取自拉丁語**argentum**，乍看之下或許會認為如果取其字首2個字母Ar的話就與氬重複了，是不是因此取第3個字母g來用呢？然而實際上氬是比較晚命名的，當初貝吉里斯用字母制定元素符號時，銀就已經是Ag了（大概是貝吉里斯的喜好）。從拉丁語argentum衍生出希臘神話英雄伊亞遜尋求金羊毛時所搭的大船（**Argo阿爾戈號**，「銀」號）、國家名稱（**Argentina阿根廷**，銀之國）、以及英語意為「**議論、爭論**」的argue（也就是辨明是非「黑白」）等詞。順帶一提，argentum繼續回溯，會得到原始印歐語*arg-（**閃耀、白色的**）。印度教經典《薄伽梵歌》中，主角**阿祖納（Arjuna）**也是「銀」之意，源自相同的原始印歐語。英語silver雖源自日耳曼語，但其源頭語意不明。

卡德默斯是希臘神話中，腓尼基推羅王阿戈諾爾之子，他為了尋找被宙斯誘拐走的妹妹歐羅巴踏上旅程，途中擊退了洞窟中的巨蛇。他在希臘建立了底比斯城。

48 Cd 鎘

（發現者）①德國：弗里德里希‧斯特羅邁爾（1817）
②德國：卡爾‧黑爾曼（1817）

（語源）希臘神話
卡德默斯
希臘語Καδμεία（Kadmeía）
「cadmia菱鋅礦」+-ium
→ 英語**cadmium**

（名稱的由來）

1817年，德國化學家**斯特羅邁爾**從菱鋅礦（cadmia，含鋅礦物）的雜質中發現了新元素，因為是從**cadmia**中發現的，所以取名為cadmium（中世紀時有很多物質都稱為cadmia）。同年，德國化學家**黑爾曼**也發現了鎘。cadmia的語源來自在底比斯建立城市的**卡德默斯**之希臘語，而底比斯是菱鋅礦的產地。

49 In 銦

（發現者）
德國：費迪南‧萊歇、特歐多‧芮赫特（1863）

（語源）**藍色**

希臘語Ινδία（India）「印度」
→ 希臘語Ινδικὸν（Indikòn）
「印度的染料」
→ 拉丁語indicum「藍色（的染料）」
→ 英語indigo「藍色（的染料）」+-ium
→ 英語**indium**「銦」

（名稱的由來）

1863年，德國化學家**萊歇**分析精煉鋅礦過程中產生的熔渣時，出現了陌生的黃色水溶液。事實上萊歇是色盲，沒辦法使用光譜儀，所以請助手**芮赫特**來看，結果觀察到光譜中出現了未知的**藍色**光線，所以取indigo（藍色）將其命名為indium。從英語indigo或其語源的拉丁語indicum再繼續回溯，可得到國名**「印度」**。換言之，indigo是指稱印度產的染料。順帶一提，印度這個詞衍生自古波斯語hindu（印度教），而hindu這個詞在梵語中則是síndhu，意為「河川」（也就是印度河）。

對了，**indole（吲哚）**這個詞是ind**igo**（2個氧化的吲哚分子連接在一起）後面加上拉丁語ol**eum**（油）所形成，因為吲哚一開始是將藍色染料加油萃取出來的。所以吲哚跟銦雖然有相同語源，但物質上完全無關。吲哚濃度越高越有糞便臭味（糞便臭味的原因之一），但是吲哚濃度稀薄時卻會讓人感到芳香，已知這也是茉莉花香的成分。

印度河

50 Sn 錫

（發現者）
自古以來便已知

（語源）**不明**

? → 拉丁語stannum「銀與鉛的合金」，之後變成「錫」

? → 英語tin

（名稱的由來）

自古以來便已知所以正確語源不明。元素符號Sn取自拉丁語意為「錫」的**stannum**，這個詞則是源自原始印歐語***stagnos**，再早就不清楚了。
英語中意為「錫」的tin能回溯到原始日耳曼語的*tiną，但再早也就不清楚了。

51 **Sb** 銻

發現者
自古以來便已知

語源 眼影

古埃及語**stibium**「眼影」

→ 希臘語στίμμι（**stímmi**）「粉狀眼圈墨、眼影」

→ 希臘語στίβι（**stíbi**）「塗上眼影」

→ 拉丁語**stibium**「三硫化二銻」，之後變成元素的「銻」

? → 拉丁語**antimonium**「銻」

→ 英語**antimony**「銻」

現代的眼影主要是塗在上眼皮，不過古埃及的眼影就像歌舞伎演員的隈取（臉譜）畫法，會在眼周塗一圈厚厚的黑色顏料。

名稱的由來
含有銻的輝銻礦（三硫化二銻，Sb_2S_3）粉末在古埃及會用作黑色**眼影**或顏料。古埃及語稱輝銻礦為sdm，不過傳進希臘語時變成στίμμι（stímmi），接著產生M→B的音韻變化變成στίβι（stíbi），再傳入拉丁語則變成了**stibium**（銻），元素符號Sb取自拉丁語。有關英語**antimony**的語源眾說紛紜，有個說法指希臘語στίμμι（stímmi）進入阿拉伯語時，前面加了定冠詞al，變成al-ithmid，後來衍生出拉丁語antimonium。

打個岔說點小知識，英語中有個詞antinomy，是「二律背反、自我矛盾」的意思，跟antimony完全無關。

元素名稱中的古埃及語

書中有時會提到「這個科學用詞的語源是拉丁語的OOO，或希臘語XXX」，雖說如此，但如果再繼續回溯，有的希臘語詞彙是從埃及語借用來的。在希臘文化繁盛以前，從古埃及的觀點看來希臘就是個鄉下的落後國家，可想見當時古希臘人會從古埃及學習其文明，語詞也隨之融入吸收，例如意為「化學」的chemistry有源自古埃及的說法（尚有其他看法）。元素中德語的**Natrium（鈉）**、英語的 **Nitrogen**（氮，語源為泡鹼礦物），以及上述的**銻**（語源為眼影），都可視為源自古埃及。

以下將稍微介紹古埃及語象形文字的世界：
古埃及語的眼影寫作

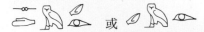

（同一語詞也會有多種表示法）。以左邊的寫法來說，最前面3個文字各代表1個子音，所以是sdm。

━∞━ s　⬭ d　🦉 m

接著動物耳朵形狀的文字 🍃 是用1個文字表示sdm的發音。換句話說， 🦉🍃 其實是寫成sdmsdm，而 🦉 則寫成sdmm。由於實際上許多文字都擁有多種發音，像這樣重複表示相同發音，是在防止誤讀。最後的眼睛文字 👁 稱為**「決定詞」**，表示這個動詞是哪一類語詞，與發音無關。以這個眼睛來說，指的是「與眼睛相關的語詞」。這個詞的結構很類似漢字。古埃及語的決定詞相當於表示語詞種類的偏旁，而古埃及語的表音部相當於表示發音的偏旁。古埃及象形文字的表音部大多只會寫出子音，不會知道正確的母音發音為何。這對現代的埃及研究者來說難以處理，後來習慣遇見不明母音時暫時帶入e的拼法，比方說sdm，實際上究竟是sadam、sadami，還是sodom不得而知，總之先寫成sedem。因此遇到古埃及人的人名時，很多母音都是e，話雖如此，但不代表以前很多用e母音的人。從以前古埃及語被借用到其他語言時使用了哪種母音，可推測出原本在古埃及語中的母音發音（像「sdm在古埃及語中說不定是sdim吧」這樣推測）。

52 **Te** 碲

語源 地球

拉丁語**tellūs**「地球」+**-ium**
→**tellurium**「碲」

發現者

奧地利：穆勒・賴興斯坦（1783）

名稱的由來

1783年，奧地利化學家、礦物學家又擔任礦山監工的**穆勒**詳細分析了在外西凡尼亞發現的金礦礦石成分，最後他得出結論：其中有種未知的半金屬，與金礦礦石中所含的普通雜質鉍、銻不同。他稱之為Aurum paradoxum（弔詭的金、矛盾的金），或aurum problematicum（有問題的金）。話雖如此，反駁他論文的意見也很多。因此穆勒將實驗品送給該領域權威──德國化學家馬丁・克拉普羅斯，拜託他進行調查。克拉普羅斯調查研究後證實那是新元素，並於1798年發表論文。不知道這段故事的匈牙利醫師、植物學家、化學家基泰貝爾・保羅也在1789年時獨自發現了tellurium。

克拉普羅斯在發現碲的9年前（1789年）發現了別的新元素，當時以羅馬神話的烏拉諾斯（天空之神、天王星）替該元素取名為uranium。所以這次相對於天的是地，便從拉丁語tellus（大地女神、**地球**）替新元素取名為tellurium。對了，雖然有人用terra來稱呼地球，但這是源自另一個拉丁語詞彙terra，拼法R也跟L不同。意為「素燒陶器、粗陶」的terracotta是terra（土）＋cotta（燒過的），所以也是源自後者的terra。

位於羅馬的和平女神祭壇Ara Pacis浮雕。據說正中間的是大地女神忒盧斯，也有人認為是別的女神。她手中抱著孩子是建立羅馬的羅慕勒斯（Romulus）與雷姆斯（Remus）。

53 **I** 碘

語源 紫羅蘭色

希臘語ἴον（íon）「紫羅蘭」
→ 希臘語ἰοειδής（ioeidés）或ἰώδης（iódēs）「紫羅蘭色的」
→ 法語iode「碘」+**-ine**
→ 英語iodine「碘」

發現者

法國：伯納德・庫爾圖瓦（1811）

名稱的由來

1811年，法國的硝石業者（硝石〔硝酸鉀〕是製造火藥的必要原料）**庫爾圖瓦**發現在海藻灰萃取液中加入酸，會產生有刺鼻臭味的氣體。法國的約瑟夫・給呂薩克接受庫爾圖瓦的委託進行分析，並於1813年確認這是新元素。由於該氣體呈**紫羅蘭色**，便取名為法語**iode**、英語**iodine**。日語「ヨウ素」（沃素）是音譯而來的。順帶一提，希臘語ἴον（紫羅蘭）也是英語**violet（紫羅蘭）**的語源。

碘I的氣體為淡紫色。

●碘的熔點低且容易昇華，只要用熱水加熱便會昇華，產生紫色氣體。靜置會長出細微的結晶。

⁵⁴Xe 氙

發現者

英國：威廉・拉姆賽、莫里斯・崔佛斯（1898）

語源 外國的

希臘語ξένος（xénos）「外國的」
+ -on
→英語xenon「氙」

名稱的由來

1898年，英國化學家拉姆賽與崔佛斯在分餾跟氪相同的液態空氣時，發現了新元素。氙在空氣中僅有微量存在，所以用意為**「外國的、陌生人的」**希臘語ξένος取名。

從希臘語ξένος衍生出英語xenophobia（外國人恐慌症、討厭外國人）、xenophile（喜歡外國、喜歡外國人）等詞彙。像冥王星那麼大的矮行星鬩神星（Eris）在命名前也曾經暫時稱呼為xena（齊娜、希娜）。

⁵⁵Cs 銫

發現者

德國：羅伯特・本生、古斯塔夫・基爾霍夫（1860）

語源 藍色

拉丁語caesius「藍色的」+ -ium
→英語cesium「銫」

名稱的由來

德國化學家本生與基爾霍夫發明火焰光譜儀不久後，便發現了發光光譜上有2條藍色光線的新元素，他們用拉丁語**「藍色的、藍眼睛的、帶藍灰色的」**之意的caesius將其取名為cesium。利用光譜分析發現的新元素除了銫，還有銣、銦，而日食時觀測太陽發現的則有氦。不少元素都是從發光光譜的光線顏色來命名（請參閱下圖）。

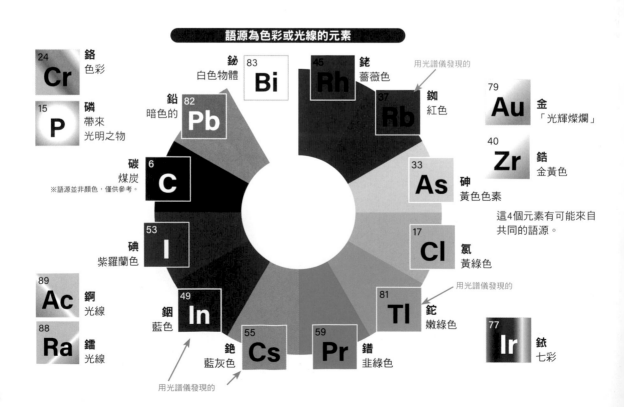

語源為色彩或光線的元素

56 **Ba** 鋇

語源 沉重的

希臘語βαρύς（barús）「沉重的」
→拉丁語**barytes**「重晶石」+**-ium**
→英語**barium**「鋇」

從鋇命名用的希臘語βαρύς，衍生出許多具有「沉重的」意思的英語詞彙。日本俗諺「食慾是健康的晴雨計」中的晴雨計（barometer）表示為事物的基準或指標。英語**barometer**原本指的是「氣壓計」（測量空氣的重量）。

肥胖的英語為**obesity**，而研究肥胖的學問則稱為**bariatric**（肥胖病學）。

指男高音與男低音中間音域的英語**baritone**（男中音）源自希臘語βαρύς（沉重的）+τόνος（聲調、音調）意為「**低沉的音調**」。銅管樂器的細管上低音號（baritone）及上低音薩克斯風（baritone saxophone）也是同源詞。

盧卡斯·米虔（男中音）。
照片：Shutterstock.com

發現者 ①瑞典：卡爾·謝勒（1774）
② 英國：漢弗里·戴維（1808）

名稱的由來

1774年，瑞典化學家謝勒發現軟錳礦中含有新元素。1808年，戴維電解稱為Bologna stone（圓重晶石）的重晶石（比重約4.5）熔鹽，首次分離出鋇。謝勒用希臘語βαρύς（**沉重的**）稱該元素為barytes拉丁語「重晶石」之意，戴維則根據該礦石名將其命名為barium。這種謝勒發現、戴維分離的組合與氯相同。話說回來，單質金屬鋇的比重為3.5，並不是說很重，所以鋇分類為輕金屬。8年之後，旅行家兼劍橋大學首位礦物學教授愛德華·丹尼爾·克拉克聲稱他用氫氧吹管分離出了第56號元素的金屬，並將其命名為plutonium（說不定是因為他不喜歡明明「不重」卻被叫做barium）。然而重複實驗下無法確認其存在，而plutonium這個名字則給了1941年美國發現的第94號新元素鈽。

對了，提到鋇就會想到照胃部X光時喝的白色難吞嚥液體。那種「鋇劑」是硫酸鋇加上黏著劑與水混合而成。之所以用鋇，是因為X光不容易穿透（原子序大、密度高所以難通過）、難溶於水，加上不會被胃部的鹽酸溶解，消化道不會吸收的緣故。

一家一張

2000年日本化學會以玉尾皓平等人為中心，開始推行「**一家一張週期表**」運動。這張週期表上的各個元素在有限的空間中，顯示了該元素單質或化合物與生活有何關聯。以此為契機，文部科學省在各個科學技術領域都推起了「一家一張」海報運動。

（岩村）

https://stw.mext.go.jp/series.html
科學技術週間網站

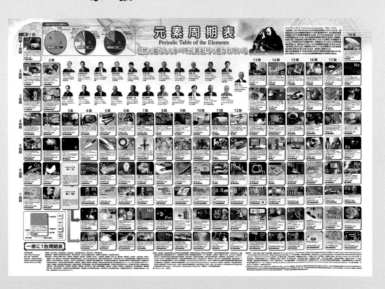

57 La 鑭

發現者
瑞典：卡爾·莫桑德（1839）

語源 不被發現的

希臘語λανθάνω（lanthánō）
「不被發現的」＋-ium
→英語lanthamum「鑭」

名稱的由來

1839年，瑞典化學家**莫桑德**從二氧化鈰中發現的。日語的鑭元素名稱ランタン會讓人想起燈籠（lantern，日文亦作ランタン）不過燈籠的lantern是源自希臘語λάμπω（發光、閃耀，英語lamp的語源），跟鑭沒有語源上的關係。

58 Ce 鈰

發現者
①德國：馬丁·克拉普羅斯（1803）
②瑞典：詠斯·貝吉里斯、魏爾黑姆·海辛格（1803）

語源 小行星
穀神星刻瑞斯

拉丁語Cerēs「穀神星刻瑞斯」＋-ium
→英語cerium

穀神星刻瑞斯是位於火星、木星間小行星帶中最大的小行星，直徑為946km（順帶一提，月亮直徑為3,474km）。2006年以後，穀神星刻瑞斯被歸類為矮行星。穀神星刻瑞斯的名字是取自羅馬神話中農業女神刻瑞斯（Ceres）。英語cereal穀類（穀物的總稱）也是源自刻瑞斯。

名稱的由來

1803年時，由兩個團隊從瑞典巴斯特納斯產的礦石中發現，德國化學家**克拉普羅斯**提議新元素名稱為terre ochroite（黃土）。另一方面，瑞典化學家**貝吉里斯**與**海辛格**提議以提早鈰2年（1801年）發現的小行星Ceres（**穀神星刻瑞斯〔席瑞絲〕**）來命名為ceria。海辛格是巴斯特納斯礦山主要的科學家，也是貝吉里斯研究的贊助者，所以元素名稱決定為cerium，而ceria今日仍舊用來稱呼鈰的氧化物。

59 Pr 鐠

發現者
奧地利：卡爾·韋爾斯巴赫（1885）

語源 綠色＋雙胞胎

希臘語πράσιος（prásios）「綠色」
＋希臘語δίδυμος（dídumos）
「雙胞胎」＋-ium
→英語praseodymium「鐠」

●添加鐠的玻璃呈淺黃綠色，添加釹的玻璃則呈薰衣草紫。

名稱的由來

1841年，莫桑德發現鑭的同時也發現了別的新元素，由於性質相近，所以取意為「**雙胞胎的**」的希臘語δίδυμος命名為**didymium**。然而到了1885年，奧地利科學家**韋爾斯巴赫**將以往認為是單一元素的didymium分離成2種元素。鐠的化合物呈鮮豔的螢光綠，所以將意為「**韭菜或蔥**」（或者該顏色「**明亮的黃綠色**」）的希臘語πράσιος加上didymium，命名為praseodymium。

60 Nd 釹

發現者
奧地利：卡爾·韋爾斯巴赫（1885）

語源 新的＋雙胞胎

希臘語νέος（néos）「新的」
＋希臘語δίδυμος（dídumos）
「雙胞胎」＋-ium
→英語neodymium

名稱的由來

1885年，**韋爾斯巴赫**從didymium分離出2種元素，發現鐠的同時還有另一種**新的**元素，便以「新的」之意的希臘語νέος加上didymium，將其命名為neodymium。順帶一提，釹磁鐵的日語常常被誤稱，詳細請參閱右頁上方專欄。

61 Pm 鉕

發現者 雅各布·馬林斯基、勞倫斯·格蘭德寧、查爾斯·科耶爾（1945）

語源 希臘神話中的巨神
普羅米修斯
希臘語 Προμηθεύς（promētheus）
「普羅米修斯」+-ium
→英語promethium「鉕」

名稱的由來

自1907年發現鎦以來，鑭系元素中的空位空了許久，眾多學者都以發現新元素為目標。

1924年義大利翡冷翠大學的化學家魯易吉·若拉與羅倫佐·費南德斯發表論文表示從鈰獨居石中發現新元素，並提議取費南德斯之名，將其命名為florentium（元素符號Fr）。此外，1926年時，美國伊利諾大學的史密斯·霍普金斯等人也主張發現新元素，議將其命名為illinium（元素符號Il）。1938年，俄亥俄大學的團隊宣布用迴旋加速器成功合成新素，並命名為cyclonium（元素符號Cy）。然而這些發現都沒有廣泛受到認可。

1945年，橡樹嶺國家實驗室（當時的柯林頓實驗室）的馬林斯基等人從原子爐中取出鈾的核分裂產物，利用離子交換樹脂的離子交換法，分離出新元素。當時有提議以研究所名字取名為cliontonium，但發現者之一查爾斯·科耶爾的妻子葛雷絲提議以希臘神話中，給予人類火種的神明普羅米修斯之名，將新元素命名為promethium。之後IUPAC便改稱為promethium。

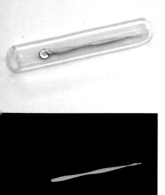

●以往會將鉕的夜光塗料，用於手錶指針或數字盤面等（1960年代的日產時鐘偶爾也會使用）。
這種夜光塗料是利用鉕放出的β射線撞擊硫化鋅塗料使其發光。由於鉕的半衰期約2.6年，筆者私藏的指針從製造出來已過了相當久的時間，所以鉕的活性已減少許多，在暗處幾乎不會發光了。下圖是將指針放在暗處，用紫外線照射放出淺綠色光芒的樣子。

鑭系元素為什麼性質相似？

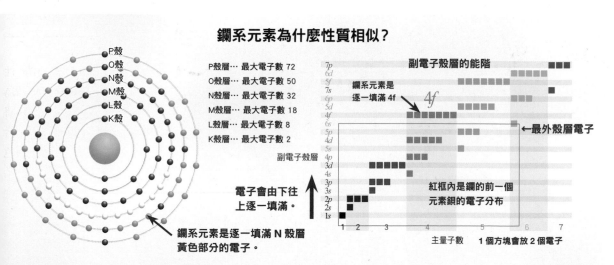

P殼層… 最大電子數 72
O殼層… 最大電子數 50
N殼層… 最大電子數 32
M殼層… 最大電子數 18
L殼層… 最大電子數 8
K殼層… 最大電子數 2

副電子殼層

副電子殼層的能階

鑭系元素是逐一填滿 4f

4f

←最外殼層電子

電子會由下往上逐一填滿。

紅框內是鑭的前一個元素鋇的電子分布

主量子數　1個方塊會放2個電子

電子會由下往上逐一填滿。

鑭系元素是逐一填滿 N 殼層黃色部分的電子。

鑭系元素是原子序57到71，也就是從鑭到鎦，總共15個元素的總稱。由於這些元素性質相當類似，要發現極為困難。元素名稱叫做鑭（不被發現的）、鎦（難以接近的），便道盡了一切。那麼，各個鑭系元素為什麼性質會如此相似？這與鑭系元素的電子配置有很深的關係。元素科學上的性質深受最外殼層電子數所左右。典型元素中，若原子序逐一增加，最外殼層的電子數也會逐一增加，而週期表縱向同一「族」的元素最外殼層電子數都相同，因此性質也很類似。另一方面，鑭系元素隨著原子序增加，從最外殼層往內數2層的電子殼層──N殼層會一個個填滿（嚴格說來鑭、鈰、釓、鎦的5d殼層會填入1個電子）。如此一來，所有鑭系元素最外面的P殼層與內側的O殼層都很類似，故而其科學性質也很相似。

●鈮釔礦

62 Sm 釤

語源 礦石
鈮釔礦

法語 samarskite「鈮釔礦」+ -ium
→英語 samarium「釤」

發現者
法國：保羅－艾米爾・布瓦伯德朗（1879）

名稱的由來
法國化學家**布瓦伯德朗**發現**鈮釔礦**中含有新元素，便以該礦石的名稱取名為 samarium。鈮釔礦（samarskite）取名自俄羅斯的瓦西里・薩馬斯基－拜霍維茲，因為他從俄羅烏拉爾山脈南部的礦山發現了這種新礦石。鈮釔礦分為含有釔的 **samarskite–(Y)** （(YFe^{3+}Fe^{2+}U,Th,Ca)$_2$(Nb,Ta)$_2$O$_8$），以及含有鐿的 **samarskite–(Yb)**（(YbFe^{3+})$_2$(Nb,Ta)$_2$O$_8$），其主要成分包含釔、鐿、鈾、釷、鈮、鉭等各種金屬元素，而微量成分以釤為首，也含有其他稀土類元素。

63 Eu 銪

語源 歐洲

希臘語 Εὐρώπη（Eurṓpē）
「歐洲」+ -ium
→英語 europium「銪」

發現者
法國：烏簡・德馬賽（1896）

名稱的由來
1896年，法國科學家**德馬賽**從以往被認為是純物質的釤中，分離出了銪。德馬賽在1901年時，以「**歐洲（Europe）**」大陸之名將其命名為 europium。為什麼要叫這個名字呢？其真正的用意不明。順帶一提，木星的衛星木衛二（Europa）也是同個語源。

歐元紙鈔與銪

樣本

樣本

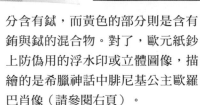

100歐元紙鈔在自然光下看起來是黃色的星星，如果用紫外線光（黑光）照射，會變成紅色螢光的星星，此因歐元紙鈔的紅色螢光墨水中含有銪。順帶一提，螢光綠的部分含有鋱，而黃色的部分則是含有銪與鋱的混合物。對了，歐元紙鈔上防偽用的浮水印或立體圖像，描繪的是希臘神話中腓尼基公主歐羅巴肖像（請參閱右頁）。

圖片：shutterstock.com

Gd補充 釓是稀土類單質中，唯一在常溫下顯示鐵磁性的元素（其他常溫下顯示鐵磁性的金屬只有鐵、鈷、鎳）。然而若做成合金，像是釹磁鐵（Nd-Fe-B，成分為釹、鐵、硼，再加上微量鏑的合金）或釤鈷磁鐵（S-Co，釤與鈷的合金）等，則其磁力大於單質。

64 **Gd** 釓

發現者

瑞士：讓・瑪里尼亞克（1880）

語源 芬蘭化學家
加多林

人名**Gadolin**「加多林」＋**-ium**
→英語**gadolinium**「釓」

名稱的由來

1880年，瑞士科學家瑪里尼亞克從被認為是單質的釤中發現第64號元素。1886年，法國的保羅・布瓦伯德朗確認這是新元素，便取最早發現稀土類元素釔的芬蘭礦物學家約翰・加多林之名，將該元素命名為gadolinium，以紀念其成就。釓是最早用科學家之名來命名的元素。

元素名稱中的塞姆語（希伯來語、腓尼基語）

從釓語源的人名Gadolin（加多林）回溯，會得到希伯來語gadol（**偉大的、堅固的**）一詞。希伯來語、腓尼基語、阿卡德語、古埃及語及阿拉伯語等統稱為塞姆語，而塞姆語中共通的3個子音所形成的語詞基礎，稱為「字根」。以gadol為例，**GDL**這3個子音便是字根，接上各式各樣的母音、字首或字尾，便創造出各種帶有「偉大的」概念的語詞。以**GDL**來說，衍生出動詞GāDaL（變大）、名詞GōDeL（偉大程度）、名詞miGDāL（塔〔大型建築物〕）、名詞miGDōL（〔地名〕密格多，意思是要塞城市）等等詞彙。

銪源自Europe（歐洲），其語源是希臘語Εύρώπη（歐羅巴）。希臘神話中的歐羅巴是腓尼基推羅（現代黎巴嫩位於地中海沿岸的城市）國王阿戈諾爾的女兒。主神宙斯對她一見鍾情，化身成白色公牛出現在歐羅巴面前。歐羅巴想說這頭牛很溫和就坐上牛背，結果白牛突然游進地中海，把人誘拐到克里特島。所以歐羅巴被帶走的地中海西方區域統稱為Europe。順帶一提，歐羅巴的哥哥**卡德默斯**（Cadmus）為了尋找妹妹踏上旅程，旅程尾聲在希臘的城市底比斯建立起國家，而**Cadmus**則是Cadmium

（鎘）的語源。是說，希臘語Εύρώπη的起源眾說紛紜，傳聞有個說法是源自腓尼基語的ʻereb（**傍晚**，更進一步指夕陽沒入的方向「**西方**」），以這個詞來說，字根是ʻRB。最前面的子音是濁咽擦音[ʕ]（日語沒有相對應的發音）。字根ʻRB有「變暗」的共通意義。以希伯來語而言，有動詞ʻāRaB（變暗、到了傍晚）、名詞maʻaRāB（西方）、ʻōRēB（渡鴉，黑色的鳥）等詞。另外，雖然不確定是不是同個語源，尚有ʻaRBah（沙漠）、ʻaRāB（阿拉伯）等類似的語詞。從古代腓尼基人的觀點來看，阿拉伯是在東方，然而居住於現代伊拉克北部周邊的古代亞述人，是用阿卡德語稱呼阿拉伯為ʻArubu，以他們的觀點來看，阿拉伯人應是居住在西方，但二者對阿拉伯的稱謂卻很相似。假設無論哪種說法同樣是西方這個意思，繼續回溯歐洲與阿拉伯這兩個地名，則有可能是同個語源。

65 **Tb** 鋱

發現者
瑞典：卡爾・莫桑德（1843）

語源 瑞典地名
伊特比
地名Ytterby「伊特比」+ -ium
→英語 **terbium**「鋱」

名稱的由來
莫桑德從以往認為是單一金屬氧化物的礦石中，分離出了鋱與鉺。鋱（terbium）跟釔（yttrium）同樣取名自發現原礦石的**伊特比（Ytterby）**村。

發現稀土類元素之經過

稀土類元素的性質類似，而且同個礦石中也含有微量、多種類的元素，要分離極為困難。當初既不知道這些元素要放在週期表的哪個位置好，也不知道究竟有多少個稀土類元素，以致於眾多發現新元素的消息都是誤報，比現今的稀土類元素還要多。再加上不知道欠缺的最後一塊拼圖——鉅幾乎不存在於自然界，無數努力終究徒勞無功。

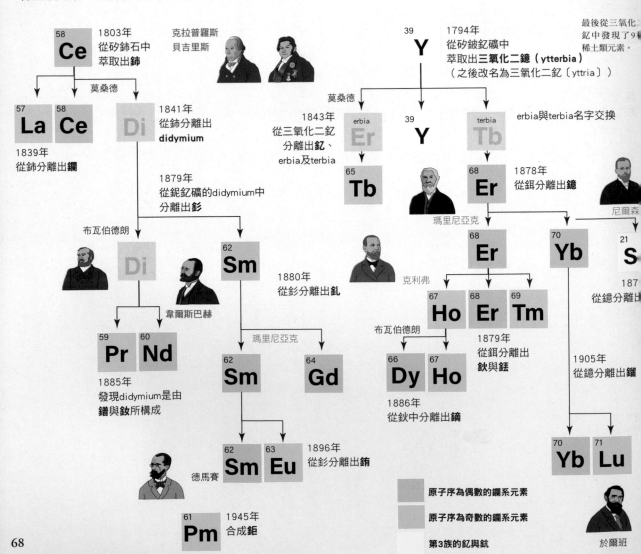

⁶⁶**Dy**鏑

發現者

法國：保羅・布瓦伯德朗（1886）

語源 難以接近的

希臘語δυσπρόσιτος（dysprósitos）
「難以接近的」+ **-ium**
→英語dysprosium「鏑」

名稱的由來

法國科學家**布瓦伯德朗**從鈥中發現新元素，由於分離困難、需要大量勞力，所以用希臘語**「難以接近的」**將其命名為dysprosium。順帶一提，從希臘語字首δυσ-衍生出的英語字首dys-常見於醫學用詞中，表示「異常、障礙、不全、困難」（例如dystrophy〔營養不良〕、dyskinesia〔運動困難〕、Dysuria〔排尿困難〕）。

⁶⁷**Ho**鈥

發現者

瑞典：佩爾・克利弗（1879）

語源 斯德哥爾摩的拉丁語名稱
霍米亞

拉丁語Holmia「霍米亞」+ **-ium**
→英語holmium「鈥」

名稱的由來

發現鈥的**克利弗**出身地為瑞典首都斯德哥爾摩，便以該城市的拉丁語名稱替新元素取名為**holmium**。

⁶⁸**Er**鉺

發現者

瑞典：卡爾・莫桑德（1843）

語源 瑞典地名
伊特比

地名Ytterby「伊特比」+ **-ium**
→英語erbium「鉺」

名稱的由來

陸續發現稀土類元素的**莫桑德**，這次從被認為是單一金屬的三氧化二釔中，分離出鋱與鉺。鉺與釔相同，名稱都是來自發現原礦石加多林石的瑞典首都斯德哥爾摩近郊村子**伊特比**。

⁶⁹**Tm**銩

發現者

瑞典：佩爾・克利弗（1879）

語源 極北之地
土勒

希臘語Θούλη（Thoúlē）
「土勒」+ **-ium**
→英語thulium「銩」

名稱的由來

1879年，**克利弗**從被認為是單質的鉺中同時發現了鈥與銩，以古希臘人所認為的極北之地**「土勒」**取名為thulium。古代或中世紀的土勒指的是冰島、格陵蘭及斯堪地那維亞半島等地。

⁷⁰**Yb**鐿

發現者

瑞士：讓・瑪里尼亞克（1878）

語源 瑞典地名
伊特比

地名Ytterby「伊特比」+ **-ium**
→英語ytterbium「鐿」

名稱的由來

1878年，**瑪里尼亞克**從erbia（鉺的氧化物）中分離出新元素。這是第4個以礦山所在的**伊特比村**為名稱由來的元素，也是最後一個，而鐿的英語拼法也最接近伊特比。

71 **Lu** 鎦

語源 巴黎古名
露特西亞
拉丁語**Lutetia**「露特西亞」
+-ium
→**lutetium**「鎦」

發現者
法國：喬治・於爾班（1970）

名稱的由來
1970年，由法國科學家**於爾班**發現，他將出身地**巴黎古名Lutetia（露特西亞）**法語化為**Lutèce（露特西）**，替該元素取名為**Lutetium**。在此稍早之前，發現鐿、釹的奧地利化學家**卡爾・韋爾斯巴赫**也發現了鎦，但因為於爾班較早公布，所以將命名權交給了於爾班。此外，義大利出身、在美國表現活躍的化學家**查爾斯・詹姆士**也在同時期發現了第71號元素。1949年，以拉丁語Lutetia為準，將拼法改為**Lutetium**。

72 **Hf** 鉿

語源 哥本哈根的拉丁語名稱
哈佛尼亞
拉丁語**Hafnia**「哈佛尼亞」+-ium
→英語**hafnium**「鉿」

發現者 荷蘭：迪克・科斯特、
匈牙利：喬治・赫維西（1922）

名稱的由來
1921年，尼爾斯・波耳在丹麥首都哥本哈根設立了尼爾斯・波耳研究所。波耳從量子力學的觀點預測了鉿的性質。基於此預測，同研究所的**科斯特**與**赫維西**發現了新元素，由此緣由，便以**哥本哈根的拉丁語名稱「哈佛尼亞」**來命名了。

73 **Ta** 鉭

語源 希臘神話中的呂底亞王
坦塔羅斯
希臘語**Τάνταλος**（Tántalos）
「坦塔羅斯」+-ium
→英語**tantalum**「鉭」

發現者
瑞典：安德斯・埃克伯格（1802）

名稱的由來
由於鉭跟週期表位於正上方的鈮性質非常類似、難以分離，瑞典化學家**埃克伯格**在成功發現新元素前受到許多折磨，所以取希臘神話中的呂底亞王**坦塔羅斯**之名，將新元素命名為tantalum。富有的國王坦塔羅斯將神明的祕密洩漏給人類，舉止又褻瀆了神明，所以想吃果實時枝條會避開他、想喝水時水會流走，被懲罰受到永劫饑渴之苦。順帶一提，從這個詞衍生出英語tantalize（逗弄、撩撥）一詞。

坦塔羅斯是宙斯與仙女所生的孩子，既是人類，神明也接納他當同伴。坦塔羅斯喝了神仙的瓊漿玉液，吃了神明的仙饌佳餚，變成不死之身。然而他偷偷將美酒與仙饌帶給人類，意圖增強自己的權力。驕傲自負的坦塔羅斯在地上的宮殿舉辦宴會招待神明，為了測試神明，他殺了自己的兒子珀羅普斯，把珀羅普斯的肉加入燉菜中請神明吃。然而神明發現這件事並沒有吃，只有失去女兒情緒沮喪的狄蜜特（羅馬神話中是刻瑞斯→p.51、64、116）吃了肉。神明懲罰坦塔羅斯，將他沉入死者之國的沼澤中，使之承受明明眼前就有水跟果實，卻永遠無法紓解飢餓及口渴的刑罰。

●鈮鉭酸釔鐵礦（yttrotantalite）正是發現鉭的礦石。照片中的樣本跟發現元素的那塊礦石來自同樣的礦場（伊特比的礦山）。

名稱類似鉭的元素

Tantalum 鉭	源自希臘語	若是以開頭2個字母當成元素符號，那麼鉭、鉈、釷都會是Th。
Thallium 鉈	源自希臘語	若是以第1、第2音節最前面的子音當成元素符號，那麼鉈、釷都會是Tl。
Thulium 銩	源自希臘語	因此只好連字尾的子音都拿來當元素符號了。
Thorium 釷	源自日耳曼語	

74 **W** 鎢

發現者　西班牙：胡安・荷西・德盧亞爾、法斯托・費爾明・德盧亞爾（1783）

語源　白鎢礦

瑞典語tung「沉重的」＋sten「石頭」
※與德語stein「石頭」同語源。

→瑞典語tungsten「白鎢礦」
→英語tungsten「鎢」

德語Wolf「狼」＋rahm「大口吞嚥」
→德語Wolfram「鎢」
→近代拉丁語wolframium「鎢」
※鎢錳鐵礦（黑鎢礦）的英語是
　wolframite。

用陽光照射的**白鎢礦**很普通，但若用短波波紫外線照射，會發出鮮豔的藍色光芒。白鎢礦英語為cheelite，取自瑞典化學家謝勒（Scheele）。

鎢絲的熔點高，高溫下的蒸發速度慢，容易製成細線，所以用作燈絲。

鎢錳鐵礦（wolframite）是最重要的鎢礦石，鐵含量多的稱為鎢鐵礦；錳含量多的則稱為鎢錳鐵礦。對了，或許有人好奇瑞典語中tungsten指的究竟是鎢錳鐵礦還是元素鎢？不會混淆嗎？不過為何瑞典語中，元素鎢使用的詞是wolfram，不用擔心。

名稱的由來

1781年，瑞典化學家卡爾・謝勒分離出三氧化鎢，將其命名為鎢酸。1783年，西班牙化學家、礦物學家**胡安・荷西・德盧亞爾、法斯托・費爾明・德盧亞爾**兄弟用木炭還原鎢酸，首次獲得新元素的單質。

鎢的英語tungsten（日語為タングステン）意指是源自所發現礦石的瑞典語**「沉重的石頭」→「白鎢礦」**（鎢酸鈣〔$CaWO_4$〕）。

明明是tungsten，為什麼元素符號卻是W？這是因為鎢的拉丁語為Wolframium，而元素符號是用拉丁語名稱字首的緣故，所以是**W**。在各種語言中，鎢或鎢礦石的名稱有的源自tungsten，有的源自Wolfram，頗為混亂。

Wolframium是德語**Wolfram**後接-ium所形成。有關Wolfram的語源尚無定論，不過有個說法是1747年，約翰・瓦列琉斯以為德語Wolf（狼）＋rahm「大口吞嚥」替鎢錳鐵礦命名。若將鎢錳鐵礦混入錫的礦石中，會在熔爐表面形成礦屑，妨礙錫的精煉，所以意為「如狼一般大口吞嚥」錫的礦石。另個說法中，Rahm是「泡沫」的意思，指稱熔爐中浮在錫之間的礦屑。

75 **Re** 錸

發現者
德國：瓦爾特・諾達克、伊姐・塔克、奧托・伯格（1925）

語源　萊茵河的拉丁語名稱
雷努斯

拉丁語Rhenus「雷努斯」＋-ium
→英語rhenium「錸」

●在擇捉島採集到的二硫化錸，隨處都可見閃耀的亮點。

名稱的由來

1908年，小川正孝宣稱發現第43號元素，並命名為**nipponium**（元素符號Np），但後續重複試驗並無法確認，之後就被否決了。實際上這時發現的並非第43號元素，後來經過實驗，確定了這是第75號元素（→p.52）。如果當時他手邊沒有X光光譜分析儀，說不定現在這個元素會被稱為nipponium。1925年，**諾達克、塔克、伯格**這3位德國化學家從鉑礦中發現了新元素，便以流經塔克出身地威瑟爾的河川**萊茵河**之拉丁語**雷努斯（Rhenus）**將新元素取名為rhenium。順帶一提，發現新元素的隔年，伊姐・塔克與瓦爾特・諾達克結婚，她的名字變成了伊姐・諾達克。

近年來，從擇捉島的火山口發現了高純度二硫化錸（ReS_2）組成的錸礦。

波羅的海
北海
波蘭
荷蘭　柏林
威瑟爾　德國
萊茵河
捷克
法國
瑞士　奧地利

^{76}Os 鋨

語源 氣味

希臘語 ὀσμή（osmé）「氣味」
+-ium
→英語 osmium「鋨」

發現者
英國：史密森・田南特（1803）

名稱的由來
1803年，英國化學家**田南特**同時發現了鋨與銥。他發現用王水溶解鉑礦，會殘留黑色物質。之後用鹼加熱，冷卻後溶於水中，可以製成放出特殊刺激氣味的黃色溶液。這是四氧化鋨（OsO_4）溶液，從中發現的元素便以希臘語 ὀσμή（**氣味**）取名為 osmium（四氧化鋨是劇毒，不能聞）。順帶一提，田南特也進行碳的研究，最有名的就是他發現鑽石跟石墨同樣都是碳所組成的。
自然鋨礦中大多含有銥，所以稱為**銥鋨礦（iridosmine）**。

^{77}Ir 銥

語源 彩虹

希臘語 ἶρις（îris）「彩虹」+-ium
→英語 iridium「銥」

發現者
英國：史密森・田南特（1803）

名稱的由來
田南特同時發現了鋨與銥。
銥單質的金屬是普通銀色，但化合物卻如彩虹般展現出多種顏色，所以用拉丁語意為**「彩虹」**的iris將其命名為iridium。

氧化銥(IV)／二氧化銥　黑色、藍色
氧化銥(III)／三氧化二銥　淺綠色
氯化銥(IV)／三氯化銥　深綠色
氯化銥(IV)／四氯化銥　暗褐色

拉丁語iris源自希臘語的 ἶρις（彩虹），也表示希臘神話中的彩虹女神**伊莉絲**。從這希臘與衍生出英語**iris（虹膜、鳶尾、菖蒲**，從古希臘的時代起，iris就不只指稱彩虹，也指稱植物的鳶尾、菖蒲），不僅如此，孔雀羽毛的彩虹圓形部分也稱為iris。孔雀羽毛或吉丁蟲翅膀上鮮豔的虹色並非素的緣故，而是其表面細微的凹凸構造、或是多層膜引起的光線干涉現象，這種方法散發出的虹光稱為**iridescence（虹彩、暈彩、虹色）**，實際上這個詞也是源自iris。
銥的耐熱性及耐磨性強，所以可以用以製作筆尖與引擎的點火插頭。白金與銥的合金因不易氧化與磨損，所以成為「國際公斤原器」——世界公斤標準的儀器之材料。

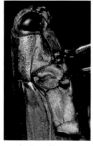

虹彩、暈彩、虹色（構造色）
iridescence
吉丁蟲翅膀上的色彩並非色素之緣故，而是因為其翅膀的多層構造散發出虹色。

iris
鳶尾、菖蒲、燕子花等花類的統稱。

iris
虹膜。

不僅鳥類羽毛或昆蟲翅膀會有構造色，蛋白石等礦物、CD、肥皂泡泡等物上面也能見到。

公斤原器（電腦繪圖而成）
覆蓋著雙重玻璃罩。

比重週期表

從上面，也就是第1週期往第6週期眺望的
3D CG週期表。

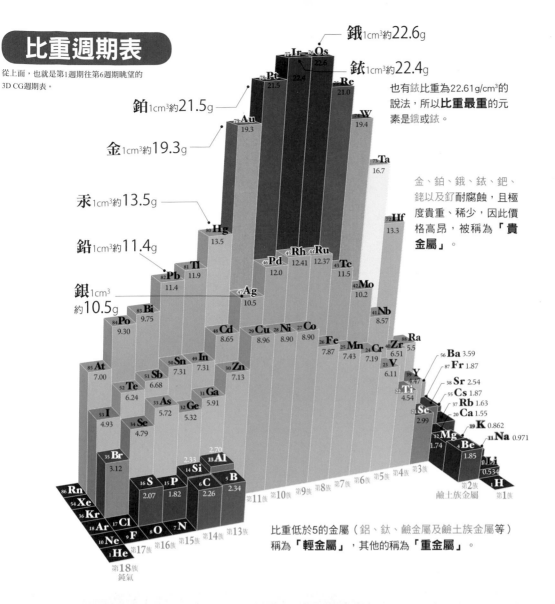

鋨 1cm³約22.6g

銥 1cm³約22.4g

也有銥比重為22.61g/cm³的說法，所以**比重最重**的元素是鋨或銥。

鉑 1cm³約21.5g

金 1cm³約19.3g

金、鉑、鋨、銥、鈀、銠以及釕耐腐蝕，且極度貴重、稀少，因此價格高昂，被稱為「**貴金屬**」。

汞 1cm³約13.5g

鉛 1cm³約11.4g

銀 1cm³約10.5g

比重低於5的金屬（鋁、鈦、鹼金屬及鹼土族金屬等）稱為「**輕金屬**」，其他的稱為「**重金屬**」。

鹼土族金屬

第18族 鈍氣

恐龍、隕石與銥

白堊紀（最後有恐龍的時代，德語Keide）與第三紀（恐龍滅亡後第一個時代，德語Tertiär）之間有個稱為「K-T界線」的薄地層。元素銥在地表極為稀少（0.000003ppm），然而美國地質學家華特‧阿爾瓦瑞茲卻發現K-T界線這層含有大量的銥。銥大多存在於小行星中，隕石的含量也相對較高（是地表部分的10,000倍以上），所以這可能是在白堊紀與第三紀之間有大型隕石撞擊地球，使得銥四散並沉積的證據。

根據之後的研究，世界各地都發現了含有銥的地層，不僅如此，在墨西哥猶加敦半島北部更是發現了可能是當時隕石造成的希克蘇魯伯隕石坑（Chicxulub crater）。這個隕石坑直徑約160km，是地表第3大隕石遺跡。誰能想到土壤中的微量銥，竟然有助於古生物學的研究呢？

78 **Pt** 鉑

語源　小銀礦

希臘語πλατύς（platýs）「寬廣的」
→中世紀拉丁語plata「金屬板」
→西班牙語plata「銀」
→西班牙語platina「白金」
→西班牙語platina「白金」+-ium
→英語platinum「白金」

發現者
自中世紀以來便已知

名稱的由來
鉑自古便以與其他金屬合金的狀態用作裝飾品，可見於古埃及、南美出土的文物。大航海時代，以「黃金鄉」（El dorado）為目標進行探險的西班牙人，在新大陸各地四處尋找黃金。找到被認為是銀礦的金屬時，由於當時技術無法使其熔解便丟棄了（因為鉑的熔點比銀高）。18世紀，人們在現今哥倫比亞的平托河中尋找金子，從淘到礦石中發現類似銀礦的小顆粒。身為西班牙探險家、軍人、天文學家、路易斯安納最早的行政長官 —— 安東尼奧・德・烏佑亞於1748年寫了《南美諸王國紀行》，其中將此金屬以西班牙語plata（銀）接指小詞-ina，寫作platina（小銀礦）。之後，眾多科學家針對此金屬進行調查。1741年，英國煉金學家查爾斯・伍德發現此金屬不同於鉛或銀，即使王水也無法溶解。最後調查有了進展，1751年，瑞典化學家亨里克・泰奧菲洛斯・雪佛用此金屬做實驗，結果顯示此金屬非金非銀，也不屬於已知的7種金屬，是新的金屬。

回溯意為銀的西班牙語plata可得到希臘語πλατύς（寬廣的），這是因為古代會敲打延展銀子，製作成「寬廣」的板子之故。

順帶一提，提到Platina的安東尼奧・德・烏佑亞（1716-1795）其姓氏烏佑亞（Ulloa）用日語有「ウリョーア」、「ウヨーア」、「ウジョーア」等各種寫法，這是因為西班牙語LL的發音[ʎ]（音近似リャ〔rya〕），在中南美從17世紀起變成[j]（音近ヤ〔ya〕）、或[z]（音近似ジャ〔ja〕）的音，所以哪種寫法都沒錯。

79 **Au** 金

語源　閃耀

原始印歐語*aus-「閃耀」
→拉丁語aurum「金」

英語aurora（極光）源自意為「晨曦」或羅馬神話晨曦女神奧羅拉的Aurora，是aurum的同源詞。無論哪個詞繼續回溯都會得到原始印歐語*aus-（閃耀）。是說離題一下，介紹句拉丁語諺語：Aurora habet aurum in ore（早晨口中有黃金，相當於俗諺「早起的鳥兒有蟲吃」）。

發現者
自古以來便已知

名稱的由來
說到為什麼金的元素符號是Au，這是取拉丁語aurum（金）的前兩個字母而來。拉丁語au奧的發音隨著時間經過，變成了「o」，所以「金子」在拉丁語衍生出的語言中，義大利語和西班牙語為oro、法語為or，拼法也變成了o。

據說英語gold（金）是源自原始印歐語*ghel-（閃耀）。

元素符號的組合

下表一眼望去便可知道元素符號大多用了哪些字母命名，其中也列出決定元素名稱前的候補名稱。若單用1個字母則有26種，2個字母的組合則有26 × 26＝676種，總計能產生702個元素符號，現在使用的118個。從下表可知，完全沒有使用J與Q的元素符號。此外，至今沒有使用w、x當第2個字母的元素。再者，可看出K開頭的元素符號只有鉀K、氪Kr這兩種，是經由日耳曼語創造出來的。拉丁語字母中基本上沒有K，[k]發音的詞彙幾乎都是使用c，所以鈣Ca、鎘Cd、鉻Cr、鈷Co等在日語以か行開頭的元素名稱都是使用C，回想起這點就不會搞錯了。

綠色底代表還沒用於元素符號的部分。第1個字母或第2個字母都沒有J或Q。此外U、V、W、X、Y、Z的使用頻率少。再者，完全沒有元素符號是Aa、Bb、Cc、Dd前後這種兩個字母都是同個字的。黃底代表現在的元素符號，灰底代表曾經候補但沒有使用的元素符號。綠色代表被認可使用的同位素氘或氚（有段時間同位素也有元素符號，但因為容易混淆，所以D與T以外的都廢除了）。

80 **Hg** 汞

發現者
自古以來便已知

語源 水的銀礦

希臘語ὕδωρ（hýdor）「水」
+ ργυρο（árgyros）「銀」
→希臘語ὑδράργυρος
（hydrargyros）「水銀、汞」
→拉丁語hydrargyrum「水銀、汞」

拉丁語merx「買賣」
→拉丁語Mercurius「梅爾克利烏斯」（商業之神）
→英語mercury「水銀、汞」

名稱的由來

自古以來便已知的金屬，拉丁語為**hydrargyrum**，元素符號Hg也是取自拉丁語。這個拉丁語是借用自希臘語ὕδωρ（**水**，→p.20氫）+ ἄργυρος（**銀**，→p.58）而成的ὑδράργυρος，與日語的「水銀」意義完全相同。

汞的英語**mercury**取自拉丁語**Mercurius**（**「商業之神」梅爾克利烏斯**）。羅馬神話中的商業之神墨丘利被認為與希臘神話中的商業之神**Hermes**（**赫密士**）是同一神明，延續了赫密士神身上的故事。赫密士是神明的使者，他不僅是**商業之神、學問之神**，也是**牧羊人、旅行者、盜賊的守護神**。他身穿長了翅膀的帽子及靴子，手中拿著兩條蛇纏繞在上方的傳令杖，輕巧地在空中四處飛舞。後來希臘將距離太陽最近、繞太陽公轉只花88天的**水星**視為赫密士之星，羅馬也延續這個看法，將水星稱為Mercurius。時光飛逝，到了14世紀末期，煉金術中流動迅速的水銀被認為與水星有關，Mercurius也就成了水銀的其中一個名稱。

沸點週期表

此表中深藍色底的元素在常溫為氣體。整體看過去，可知道第12族（鋅族）元素的沸點比第11族及第13族來得低。而且第12族的蒸氣壓高、揮發性高，以汞為最。

第1族	第2族	第3族	第4族	第5族	第6族	第7族	第8族	第9族	第10族	第11族	第12族	第13族	第14族	第15族	第16族	第17族	第18族
1 **H** 氫 -252.7																	2 **He** 氦 -268.9
3 **Li** 鋰 1342	4 **Be** 鈹 2970											5 **B** 硼 4002	6 **C** 碳 4827	7 **N** 氮 -195.7	8 **O** 氧 -182.8	9 **F** 氟 -188.1	10 **Ne** 氖 -245.9
11 **Na** 鈉 883	12 **Mg** 鎂 1090											13 **Al** 鋁 2467	14 **Si** 矽 2355	15 **P** 磷 280	16 **S** 硫 444.8	17 **Cl** 氯 -33.9	18 **Ar** 氬 -185.7
19 **K** 鉀 759	20 **Ca** 鈣 1484	21 **Sc** 鈧 2831	22 **Ti** 鈦 3287	23 **V** 釩 3409	24 **Cr** 鉻 2672	25 **Mn** 錳 1962	26 **Fe** 鐵 2750	27 **Co** 鈷 2870	28 **Ni** 鎳 2732	29 **Cu** 銅 2567	30 **Zn** 鋅 907	31 **Ga** 鎵 2403	32 **Ge** 鍺 2830	33 **As** 砷 603	34 **Se** 硒 685	35 **Br** 溴 59.25	36 **Kr** 氪 -153.2
37 **Rb** 銣 688	38 **Sr** 鍶 1384	39 **Y** 釔 3338	40 **Zr** 鋯 4377	41 **Nb** 鈮 4744	42 **Mo** 鉬 4612	43 **Tc** 鎝 4877	44 **Ru** 釕 3900	45 **Rh** 銠 3727	46 **Pd** 鈀 2964	47 **Ag** 銀 2163	48 **Cd** 鎘 765	49 **In** 銦 2073	50 **Sn** 錫 2270	51 **Sb** 銻 1587	52 **Te** 碲 988	53 **I** 碘 184.5	54 **Xe** 氙 -108
55 **Cs** 銫 671	56 **Ba** 鋇 1898	鑭系元素	72 **Hf** 鉿 4603	73 **Ta** 鉭 5425	74 **W** 鎢 5655	75 **Re** 錸 5627	76 **Os** 鋨 5012	77 **Ir** 銥 4428	78 **Pt** 鉑 3827	79 **Au** 金 2807	80 **Hg** 汞 357	81 **Tl** 鉈 1473	82 **Pb** 鉛 1740	83 **Bi** 鉍 1564	84 **Po** 釙 962	85 **At** 砈 337	86 **Rn** 氡 -62
87 **Fr** 鍅 677	88 **Ra** 鐳 1536	錒系元素	104 **Rf** 鑪	105 **Db** 𨧀	106 **Sg** 𨭎	107 **Bh** 𨨏	108 **Hs** 𨭆	109 **Mt** 䥑	110 **Ds** 鐽	111 **Rg** 錀	112 **Cn** 鎶	113 **Nh** 鉨	114 **Fl** 鈇	115 **Mc** 鏌	116 **Lv** 鉝	117 **Ts** 鿬	118 **Og** 鿫

鑭系元素	57 **La** 鑭 3457	58 **Ce** 鈰 3426	59 **Pr** 鐠 3512	60 **Nd** 釹 3068	61 **Pm** 鉕 3512	62 **Sm** 釤 1791	63 **Eu** 銪 1597	64 **Gd** 釓 3266	65 **Tb** 鋱 3023	66 **Dy** 鏑 2562	67 **Ho** 鈥 2695	68 **Er** 鉺 2863	69 **Tm** 銩 1947	70 **Yb** 鐿 1194	71 **Lu** 鎦 3395
錒系元素	89 **Ac** 錒 3200	90 **Th** 釷 4788	91 **Pa** 鏷 4027	92 **U** 鈾 4134	93 **Np** 錼 3902	94 **Pu** 鈽 3230	95 **Am** 鋂 2607	96 **Cm** 鋦 3110	97 **Bk** 鉳	98 **Cf** 鉲	99 **Es** 鑀	100 **Fm** 鐨	101 **Md** 鍆	102 **No** 鍩	103 **Lr** 鐒

鹼金屬 **鹼土金屬**

構成人體的元素 （重量比）

上表為人體所含元素，底色隨含量有所不同。

下表為人體必需元素。紅字已確定為人體必需元素，黑字則已確定為其他動物的必需元素。可想見往後會逐漸增加。

構成人體最多的元素（重量比）依序為氧61%、碳23%、氫10%、氮2.6%、鈣1.4%、磷1.1%，其餘為1%以下。

%	
50%~	
C	10%~
P	1%~
Na	0.1%~
Si	0.01%~
F	0.001%~
Cu	0.0001%~
B	0.00001%~
Li	0.000001%~
Be	0.0000001%~

過渡金屬在人體中的存在量極少，但卻是酵素的活性中心等等，身負重任。

O 人體必需元素

V 其他動物必需元素

熔點週期表

常溫下為液體的元素最有名的是溴和汞，不過若到了30℃以上的「盛夏」，銫（估計值26.8℃）、鎵（28.44℃）、鍅（29.76℃）也會變成液體。2019年8月15日，新潟縣上越市出現氣溫40.0度的記錄，如果溫度這麼高，銣（39.31℃）也會變成液體吧。

第1族 H 氫 -259												第13族 硼族	第14族 碳族	第15族 氮族	第16族 氧族	第17族 鹵素	第18族 鈍氣 He 氦 -272.1
鹼金屬 Li 鋰 180.7	第2族 鹼土金屬 Be 鈹 1278											B 硼 2300	C 碳 3500	N 氮 -209.9	O 氧 -222.7	F 氟 -219.5	Ne 氖 -248.4
Na 鈉 98	Mg 鎂 649	第3族 鈧族	第4族 鈦族	第5族 釩族	第6族 鉻族	第7族 錳族	第8族	第9族	第10族	第11族 銅族	第12族 鋅族	Al 鋁 660.3	Si 矽 1410	P 磷 44.3	S 硫 115.4	Cl 氯 -100.8	Ar 氬 -189.2
K 鉀 63.35	Ca 鈣 839	Sc 鈧 1539	Ti 鈦 1660	V 釩 1902	Cr 鉻 1857	Mn 錳 1244	Fe 鐵 1535	Co 鈷 1495	Ni 鎳 1453	Cu 銅 1085	Zn 鋅 419.7	Ga 鎵 29.9	Ge 鍺 937.4	As 砷 808	Se 硒 221	Br 溴 -7.1	Kr 氪 -157.2
Rb 銣 39.64	Sr 鍶 769	Y 釔 1526	Zr 鋯 1852	Nb 鈮 2468	Mo 鉬 2617	Tc 鎝 2200	Ru 釕 2250	Rh 銠 1966	Pd 鈀 1552	Ag 銀 961	Cd 鎘 321.2	In 銦 156.8	Sn 錫 232.1	Sb 銻 630.9	Te 碲 449.7	I 碘 113.5	Xe 氙 -111.7
Cs 銫 28.55	Ba 鋇 729	鑭系元素	Hf 鉿 2227	Ta 鉭 2996	W 鎢 3407	Re 錸 3180	Os 鋨 3027	Ir 銥 2443	Pt 鉑 1772	Au 金 1065	Hg 汞 -38.72	Tl 鉈 304	Pb 鉛 327.6	Bi 鉍 271.52	Po 釙 254	At 砈 302	Rn 氡 -71
Fr 鍅 27	Ra 鐳 700	錒系元素	Rf 鑪	Db 𨧀	Sg 𨭎	Bh 𨨏	Hs 𨭆	Mt 䥑	Ds 鐽	Rg 錀	Cn 鎶	Nh 鉨	Fl 鈇	Mc 鏌	Lv 鉝	Ts 鿬	Og 鿫

鑭系元素	La 鑭 920	Ce 鈰 798	Pr 鐠 931	Nd 釹 1016	Pm 鉕 931	Sm 釤 1072	Eu 銪 822	Gd 釓 1312	Tb 鋱 1357	Dy 鏑 1412	Ho 鈥 1470	Er 鉺 1522	Tm 銩 1545	Yb 鐿 824	Lu 鑥 1663
錒系元素	Ac 錒 1050	Th 釷 1755	Pa 鏷 1840	U 鈾 1132	Np 錼 640	Pu 鈽 640	Am 鎇 994	Cm 鋦 1067	Bk 鉳 986	Cf 鉲 900	Es 鑀 860	Fm 鐨	Md 鍆	No 鍩	Lr 鐒

81 **Tl** 鉈

語源　嫩枝

希臘語θαλλó（thallós）「嫩枝」+
-ium
→thallium

發現者
英國：威廉・克魯克斯（1861）

名稱的由來

1861年，英國物理學家克魯克斯（發明克魯克斯管，也就是真空放電管的人）藉由光譜分析發現新元素。由於光譜亮線為綠色，所以取希臘語θαλλóς（嫩枝）替該元素命名為thallium。1862年，克魯克斯及法國的物理學家、化學家克羅德・奧古斯特・拉密分離出了鉈。

順帶一提，希臘語θαλλóς跟希臘神話中愛芙羅黛蒂侍女的三美神之一的Thaleia（塔麗亞）有關，這位女神掌管「豐盛、綻放」。

有種分不出根、莖、葉，呈扁平膜狀的苔蘚，在生物學上稱為thallus（葉狀體）。

右圖為「蛇苔」，葉狀體的表面花紋看起來有如蛇一般。

82 **Pb** 鉛

語源　暗沉的

原始印歐語*mork-「暗沉的」
→希臘語μόλυβδος（mólybdos）「鉛」
→拉丁語plumbum「鉛」
英語lead

發現者
自古以來便已知

名稱的由來

自古以來便已知此種金屬，正確由來不明。

拉丁語的鉛稱為plumbum，元素符號Pb也是由此而來。這個拉丁語是希臘語μόλυβδος（鉛）發音訛傳來的。再繼續回溯會得到原始印歐語*mork-（暗沉的），意指深色的金屬（順帶一提，希臘語μόλυβδος也指石墨，日語中的黑鉛）。希臘語μόλυβδος也是另個元素molybdenum（鉬）的語源。

對了，英語意為「重錘、鉛錘」的plumb是拉丁語plumbum經由古法語進入英語途中去掉字尾-um形成的。正因為鉛很重，所以用作各種重錘。plumb也有「探測水深」的意思，因為要用繩子垂掛「重錘」放入海洋或湖中探測的緣故。水電工稱為plumber，也是源自鉛。如果不小心把不發音的b（拉丁語plumbum殘存的痕跡）拿掉，會變成plum（李子）。

另一方面，英語的鉛是lead。古英語時代鉛的拼法一樣，也就照字面發音為レーアド（reado），後來其中的「ア」（a）音變弱，成為發短音的レッド（redo）。lead如果唸成リード（rido），會變成另個英語（引導、領導，兩者語源不同）。

日語名稱中含有鉛的物質

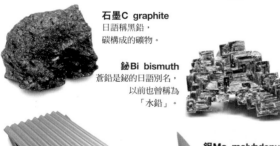

石墨C graphite
日語稱黑鉛，
碳構成的礦物。

鉍Bi bismuth
蒼鉛是鉍的日語別名，
以前也曾稱為
「水鉛」。

鉬Mo molybdenum
水鉛是鉬的日語舊稱。
圖片為鉬鋼製的菜刀。

鋅Zn zinc
日語稱作亞鉛，意為
「次於鉛之物」。白鐵皮是在鐵表面鍍鋅的板子。

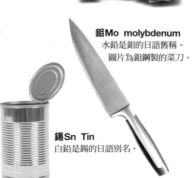

錫Sn Tin
白鉛是錫的日語別名。

難背的元素符號（之二）

若能記住p.41「難背的元素符號（之一）」所列出的鐵、銀、錫、銻、鎢和金這些元素的拉丁語，也就能記得其元素符號。相對的，若能記住磷、硫、鋅、砷、溴及氯的英語，便能從字首知道其元素符號。

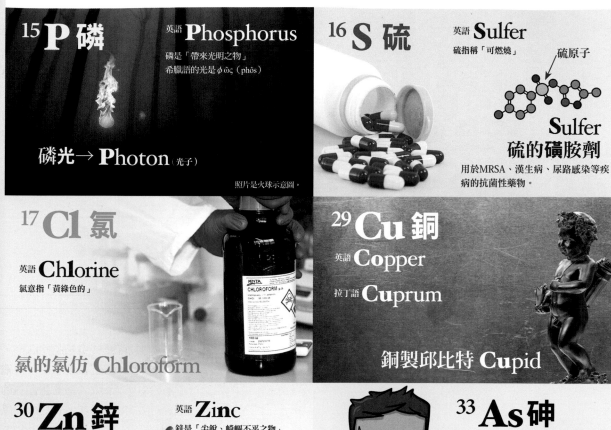

15 P 磷

英語 **Phosphorus**

磷是「帶來光明之物」
希臘語的光是 φῶς（phôs）

磷光→ **Photon**（光子）

照片是火球示意圖。

16 S 硫

英語 **Sulfer**

硫指稱「可燃燒」

硫原子

Sulfer
硫的磺胺劑

用於MRSA、漢生病、尿路感染等疾病的抗菌性藥物。

17 Cl 氯

英語 **Chlorine**

氯意指「黃綠色的」

氯的氯仿 **Chloroform**

29 Cu 銅

英語 **Copper**

拉丁語 **Cuprum**

銅製邱比特 **Cupid**

30 Zn 鋅

英語 **Zinc**

鋅是「尖銳、崎嶇不平之物」

鋅的鋅白
Zinc White

33 As 砷

英語 **Arsenic**

砷是「黃色的礦物」

砷讓人冒冷汗 （アセ與 Ar 的日文讀音相似）
Arse

35 Br 溴

Bromide
溴化物

溴化銀可用於相紙。

82 Pb 鉛

Plumb
鉛錘字尾要加「b」

測量垂直深度的重物英語為Plumb，請參閱左頁。

英語 **Lead**

英語 **Plumbum**

用瓦斯噴槍等熔化鉍之後使其再結晶，表面會形成氧化被膜，出現美麗的色澤。

83 **Bi** 鉍

發現者
中世紀起便已知

語源 白色塊狀物

德語weiß「白色的」+Masse「塊狀物」？
→德語Wismut「鉍」
→英語bismuth「鉍」

巴希瑠士·瓦倫廷努斯
Basilius Valentinus
15世紀德國的煉金術士。
他的著作中寫到Wismut，
是最早提及鉍的文獻之一。

名稱的由來

在古埃及時代會拿鉍的化合物（氯鉍礦〔BiOCl〕）用做化妝品（→p.60銻）。到了中世紀歐洲，已知鉍是一種金屬，性質很類似鉛和錫，所以被視為同種物質。
德語Wismut（鉍）有個說法是源自**「白色塊狀物、白色固體」**，不過林林總總的說法都有，正確由來不明。鉍的熔點是相對較低的271℃，也會用在無鉛銲料中。

發現釙Po的當下，波蘭領土被俄羅斯、普魯士、奧地利所侵占，世界上並不存在波蘭這個獨立的國家。

84 **Po** 釙

發現者
法國：皮耶·居禮、瑪麗·居禮（1898）

語源 波蘭的拉丁語名稱 波羅尼亞

拉丁語Polonia「波羅尼亞」+-ium
→英語polonium「釙」

名稱的由來

居禮伉儷從方鈾礦（瀝青鈾礦）中去除放射性鈾及釷後，注意到殘留物的放射性反而更強。他們猜想其中含有微量的未知放射性元素，更進一步精密分離，1898年7月從中發現釙，再過了5個月又發現鐳。便以發現者瑪麗·居禮的祖國**波蘭**的拉丁語名稱**「波羅尼亞」**，替新元素命名為polonium。

85 **At** 砈

發現者 美國：耶密流·瑟格瑞、戴爾·科森、肯尼斯·麥肯齊（1940）

語源 不穩定的

希臘語ἄστατος（ástatos）
「不穩定的」+-ine
→英語astatine「砈」

名稱的由來

門德列夫的週期表（1871年版）中，碘下方的空位暫時被稱為擬碘（eka-iodine）。許多科學家從自然產物中探尋新元素。1931年，阿拉巴馬理工大學的物理學家弗萊德·艾里森主張發現新元素，並將其命名為**alabamine**。1937年，英屬印度（現在的孟加拉）達卡的科學家拉真德拉爾·德（Rajendralal De）報告發現新元素，並命名為**Dakin**。1936年，羅馬尼亞物理學家霍利亞·胡魯貝與法國女性物理學家伊薇特·科舒瓦宣稱發現新元素，將其命名為**dor**（羅馬尼亞語「憧憬」之意）。1940年，瑞士化學家瓦爾特·敏達報告他發現了新元素，提議將其命名為**helvetium**（Helvetia是瑞士的拉丁語名稱）。重複試驗後，報告指出這些發現皆有誤。1940年，瑟格瑞等人利用迴旋加速器，以α射線照射鉍^{209}Bi，人工合成了質量數211的新元素，由於其半衰期短，所以取希臘語意為**「不穩定的」**ἄστατος命名為astatine。

astatine的語源——希臘語中意為「不穩定的」ἄστατος，是στατός（站立著、穩定的）前面加上否定字首α-所形成。順帶一提，從στατός衍生出statolith（平衡石，在內耳中，也稱為otolith〔耳石〕）一詞。

86 **Rn** 氡

語源 鐳

拉丁語radium「鐳」+-on
→英語radon「氡」

弗里德里希‧棟恩
Friedrich Ernst Dorn
（1848-1916）
德國物理學家，
氡的發現者之一。

發現者 ①德國：弗里德里希‧棟恩（1900）
②英國：歐內斯特‧拉塞福、福瑞德里克‧索迪（1910）

名稱的由來

1899年，居禮伉儷發現接觸過**鐳**的空氣變得有放射性，但不認為那是元素的緣故。1900年，德國物理學家**棟恩**發現鐳Ra與釷兩者所散發出的放射性氣體是同一種元素，他稱呼該元素為**Emanation**。拉塞福及索迪再進一步研究，發現該元素屬於鈍氣的一種，稱其為**Radiumemanation**。1923年，radium字尾的-ium被改成-on，取名為**radon（氡）**。

87 **Fr** 鍅

語源 法國

法語France「法國」+-ium
→英語francium「鍅」

發現者
法國：瑪格麗特‧佩雷（1939）

名稱的由來

佩雷在巴黎的居禮研究所擔任瑪麗‧居禮的助手，她發現了原子序89的錒227（^{227}Ac）經過α衰變，生成原子序減2的第87號元素。她以祖國**法國**替新元素取名為francium。鍅的半衰期最長只有22分鐘，所以剛生成的鍅會馬上放出β射線，變成鐳223（^{223}Ra）。鹼金屬一行越往下反應程度越大，可想見鍅的反應激烈程度，話說回來，鍅的半衰期也短到難以進行調查。

88 **Ra** 鐳

語源 光線

拉丁語radius「光線」+-ium
→英語radium「鐳」

發現者
法國：皮耶‧居禮、瑪麗‧居禮（1898）

名稱的由來

1898年，居禮伉儷從含鈾的瀝青鈾礦中發現2種新元素，一個是釙，一個是鐳。由於僅得到0.1g鐳的氯化物，所以在環境惡劣的實驗室中，必須要從高達1噸的瀝青鈾礦中反覆進行化學性的提煉。其工序簡略來說包含用氫氧化鈉煮沸（去除硫酸化合物）、用水清洗（去除水溶性雜質）、用鹼清洗（去除矽酸、氧化鋁）、用稀鹽酸清洗（去除銀及鉍）、加入碳酸鈉中和（生成鈣、鋇及鐳的碳酸鹽）、加入強鹽酸溶解（去除鈣Ca）、分化結晶法（去除鋇）。鋇與鐳在週期表上屬於同一族，性質類似，所以難以分離，需要時間鑑別兩者。

鐳會放出強烈輻射、在暗處發出藍光，便以拉丁語**radius（光線）**來命名。順帶一提，從拉丁語radius衍生出了左側列出的各種語詞。

Radium 鐳
Radon 氡
Radioactivity 放射性、放射能
Radiator 輻射體、散熱器
Radio 無線電、無線電設備、收音機
Radius 橈骨

橈側伸腕短肌
extensor carpi
radialis brevis
※有關brevis請參閱p.83。

橈骨 radius

是前臂拇指側的骨頭。radius本來有「棍」或「杖」的意思，後來也指車輪的輪。radius再從這裡衍生出「半徑」、輻射狀的「光線」等意思。

89 **Ac** 錒

語源 光線

希臘語**ἀκτίς（aktís）**「光線」+**-ium**
→英語actinium「錒」

肌纖維

肌原纖維

肌動蛋白　肌凝蛋白

肌動蛋白絲滑入肌凝蛋白絲之間
肌肉便會收縮。

pitchblende指的是光澤有如瀝青的瀝青鈾礦，其主成分為二氧化鈾，含有少量鐳、釙及錒等元素。

海葵目。

發現者
法國：安德烈－路易・德比恩（1899）

名稱的由來
1899年，居禮伉儷的共同研究者德比恩，從瀝青鈾礦分離鈾之後的殘留物中發現了新元素，由於錒具有放射性，所以取希臘語ἀκτίς（**光線**）來命名。即使是錒中半衰期最長的錒227（^{227}Ac），也只有21.7年。

順帶一提，肌肉纖維是由**肌動蛋白（actin）**及**肌凝蛋白（myosin）**二種蛋白質纖維所構成，肌動蛋白為長直線形的蛋白質束，所以取意為「光線」的希臘語ἀκτίς命名為actin。此外，生物學中的**Actiniaria**意為海葵目，表示海葵觸手呈放射狀散開的樣子。

---

90 **Th** 釷

語源 北歐神話的雷神
索爾

古諾斯語 **Þórr**（瑞典語**Tor**）
「雷神索爾」+**-ium**
→英語**thorium**「釷」

語源的索爾是古諾斯語的Þórr（thorr），與「雷」的古英語þunor[θúnor]為同源詞（大寫Þ、小寫þ是古英語字母，稱為thorn，發音為[θ]）。從þunor衍生出英語thunder（雷）、Thursday（星期四）等詞彙。

●作者的釷私人收藏（0.5g）。

●方釷鉱
（Thorianite，
ThO₂）

●磷釔礦
（xenotime，
YPO₄）

發現者
瑞典：詠斯・貝吉里斯（1828）

名稱的由來
1815年，貝吉里斯認為他從瑞典法侖這個地方出產的礦石中發現了新元素，便以北歐神話雷神**索爾**替新元素命名為thorium。後來那種石頭被證實為已知的**磷釔礦（xenotime）**，以為是新元素的則證實為磷酸釔，便撤回了該發現。

1828年，挪威牧師且身兼業餘礦物學家的**莫滕・瑟恩・伊斯馬克**在瑞典的盧沃亞島發現新的黑色礦物，他將該礦物送給父親顏思・伊斯馬克，奧斯陸大學礦物學教授。顏思再將樣本送給**貝吉里斯**仔細調查，後來貝吉里斯從該礦物中發現新元素，再度命名為thorium。至於新礦物，本來伊斯馬克想命名為**berzelite**，但是謙虛的貝吉里斯婉拒了，最後命名為Thorite（鈾釷石／矽酸釷礦，成分為(Th,U)SiO₄）。

1898年德國化學家**格哈德・卡爾・施密特**發現了釷是天然的放射性元素，僅僅過了數週，法國的**瑪麗・居禮**也發現了同件事。釷是第二個被發現的天然放射性元素，第一個是1896年由**昂里・貝克勒**發現的鈾。

同位素 發現鏷的1910年代是尚未正式訂定放射性同位素該如何命名的時期（索迪發現同位素是在更晚的1913年），因此一個同位素有琳瑯滿目的名稱。1957年，IUPAC根據《無機化學命名法》，規定除了氘、氚以外的同位素都使用編號，不替同位素命名。

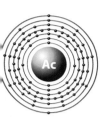

91 **Pa** 鏷

語源 鋼的源頭

希臘語形容詞πρῶτος（prôtos）
「最初的、原本的」（前置詞、副詞προ）
→proto-＋actinium「鋼」
→英語protactinium「鏷」

發現者
①美國：卡齊米茲·法揚斯等人（1913）
②德國：奧托·漢恩、莉潔·邁特納等人（1917）

名稱的由來

究竟是誰發現了鏷？這牽涉到許多人。1900年，英國化學家、物理學家威廉·克魯克斯從鈾分離出強放射性的物質（^{231}Pa），但沒注意到這是新元素，將其稱為uranium X。

1913年，波蘭裔美國化學家、物理學家卡齊米茲·法揚斯（Kazimierz Fajans，在西歐也寫成Kasimir）與共同研究者德國化學家奧斯華爾德·格林調查鈾238（^{238}U）的衰變系列時，發現了衰變生成物中有新元素（^{234}Pa），由於半衰期為6.7小時算是短的，所以取拉丁語意為「短小的」brevis將該元素命名為brevium。

1917年，在德國研究的化學家、物理學家漢恩與奧地利出身的女性物理學家邁特納（→p.94）剛開始進行共同研究沒多久，便發現了第91號元素中半衰期最長的^{231}Pa（半衰期約為3.3萬年）。由於第91號元素（^{231}Pa）α衰變後會產生鋼227（^{227}Ac），邁特納以「母親、源頭」之意，將希臘語意為「第一的、最初的」πρῶτος加在Actinium（鋼）前面，替該元素取名為protactinium。元素命名權原屬於首位發現者，本來應該優先採用法揚斯的命名，結果反而留下了protactinium這名字。如果採用法揚斯發現^{234}Pa意為「短小的」命名brevium也說得通，不過要說半衰期有數萬年的^{231}Pa「短小」，似乎就不怎麼合適了吧。

在漢恩與邁特納發現新元素後不到3個月，英國化學家福瑞德里克·索迪及約翰·克蘭斯頓也發現了鏷。鏷的發現填滿了1869年版門德列夫週期表最後的空位。

鈾238衰變鏈 | 鈾U、鏷Pa、釷Th、鋼Ac、鐳Ra、氡Rn、砹At、釙Po、鉍Bi、鉛Pb、鉈Tl、汞Hg

鈾235衰變鏈 | 鈾U、鏷Pa、釷Th、鋼Ac、鐳Ra、鍅Fr、氡Rn

弗瑞德里克·索迪 Frederick Soddy（1877-1956）
英國化學家，發現α衰變與β衰變。放射性元素與原來元素的化學性質相同，代表同一元素可能有複數原子，1910年時索迪將其命名為isotope（同位素，希臘語意為「相同場所」）。

事實上英語protoactinium很難唸，所以1949年IUPAC省略o，變成protactinium。話說回來，protoactinium的拼法在語言學上不是那麼正確。proto-是意為「最初的……」、「……原型」的字首（例如prototype〔原型〕、protocol〔議定書、協定、規程〕等等），後接母音開頭的詞彙時，經常會去掉proto-的o，變成prot-（例如protagonist〔主角〕），而語詞中有prot-這樣的字根，後接子音開頭的詞彙時，可想見會再插入「連接用母音」-o-。不過日語名稱至今仍舊唸作プロトアクチニウム（protoactinium），而不是プロタクチニウム（protactinium）。

⁹²U 鈾

語源 天王星

拉丁語Ūranus「天王星」＋-ium
→英語Uranus「天王星」＋-ium
→英語uranium「鈾」

發現者
德國：馬丁‧克拉普羅斯（1789）

名稱的由來
1789年，德國的克拉普羅斯從瀝青鈾礦（→p.82）中發現新元素（無法分離，是二氧化鈾〔UO_2〕），在此8年前發現了Uranus（天王星），於是他將新元素取名為uranium。天王星的發現者威廉‧赫歇爾，以及提議取名為Uranus的天文學家約翰‧波德跟克拉普羅斯同樣都是皇家學院的院士。

⁹³Np 錼

語源 海王星

拉丁語Neptūnus「海王星」
→英語Neptune「海王星」＋-ium
→英語neptunium「錼」

發現者
美國：艾德溫‧馬可密倫、菲利浦‧亞伯森（1940）

名稱的由來
1940年，美國加州大學團隊使用勞倫斯發明的迴旋加速器，讓中子撞擊鈾合成新元素，有鑑於鈾取名自天王星，所以新元素便以天王星外側的Neptune海王星命名為neptunium。

從1930年發現冥王星起76年來，冥王星一直被視為行星，然而2006年時，由於國際天文聯合會的定義變更，冥王星降階成矮行星。

⁹⁴Pu 鈽

語源 冥王星

希臘語Πλούτων（Ploútōn）「冥王」
→英語Pluto「冥王星」＋-ium
→英語plutonium「鈽」

發現者
美國：格倫‧西博格、艾德溫‧馬可密倫、約瑟夫‧甘迺迪、亞瑟‧華爾（1940）

名稱的由來
1940年，加州大學團隊用氘照射^{238}U，合成了^{238}Pu。繼用「天王星」、「海王星」取了鈾、錼的名字，這次用更外圍的Pluto（冥王星）替新元素取名為plutonium。

與天體有關的元素

¹¹²Cn 鎶是源自主張地動說的哥白尼。

²⁹Cu 煉金術中銅Cu象徵金星，符號也都是♀。

¹⁵P 磷的英語phosphorus也意味著黎明閃耀的星星。

⁵²Te 碲的語源是地球。

²⁶Fe 煉金術中鐵象徵火星，符號也都是♂。

⁵⁰Sn 煉金術中錫象徵木星。

⁸²Pb 煉金術中鉛象徵土星。

⁹²U ⁹³Np ⁹⁴Pu

鈾源自天王星
錼源自海王星
鈽源自冥王星

²He 氦的語源是太陽。

⁸⁰Hg 汞的英語mercury也意為水星。

³⁴Se 硒的語源是月亮。

⁵⁸Ce 鈰的語源是小行星穀神星／刻瑞斯。

⁴⁶Pd 鈀的語源是小行星智神星／帕拉斯。

²²Ti 鈦是土星的衛星，與巨神泰坦同語源。

鈾238與鈾235

鈾（^{92}U）有**鈾238**與**鈾235**等同位素，組成如p.54
表格所示，鈾238（^{238}U）為99.2742%，占大多數，
鈾235（^{235}U）為0.7204%，還有鈾234（^{234}U）為
0.0054%。其中鈾238半衰期有45億年之久，相對
的，量少的鈾235半衰期則是7億年。無論哪種能階
的中子打到鈾235都會引起核分裂反應，因此鈾235
是目前核能發電廠主要類型的「輕水式反應爐」之主
要核能來源。濃縮鈾235時的副產物，或是使用過的
核燃料等，由於其中鈾235含量下降，所以稱為**貧鈾**
（使用過的核燃料也稱為「耗乏鈾」）。但鈾235再
這麼消耗下去會有枯竭的危險，所以名列瀕臨絕跡元
素（p.29）。

雖說鈾238難以引起核分裂，但用約1MeV（100萬電
子福特）以上的中子照射時，依舊會產生核分裂，所
以也可當成燃料。高速中子反應爐（快中子滋生式反
應器）便是利用鈾238。

鈾235的核分裂會生成銫137（^{137}Cs，半衰期30年）、
銫134（^{134}Cs，半衰期2年）、鍶90（^{90}Sr，半衰期29
年）和碘131（^{131}I，半衰期8天），皆累積在燃料棒
中（還會產生其他眾多半衰期短的核種，不過馬上就

這是從鈾礦石萃取鈾時，
粗煉過的產物（含有約70%
的鈾）。由於呈鮮豔黃色，
所以稱為黃餅（Yellow-
cake）。

鈾燃料聚合物剖面圖，淺綠色的細長棒狀
物就是燃料棒，裡面塞滿了左圖形狀的鈾
235燃料粒。燃料棒外面包覆的燃料護套
則採用鋯合金（請參閱p.49）。

衰變了，殘留下來的少）。福島第一核電廠的事故
中，由於燃料棒熔毀（meltdown），導致核分裂產
物外洩。洩漏到環境中的銫137等核種，在地球上任
何地方都被視為重大問題。

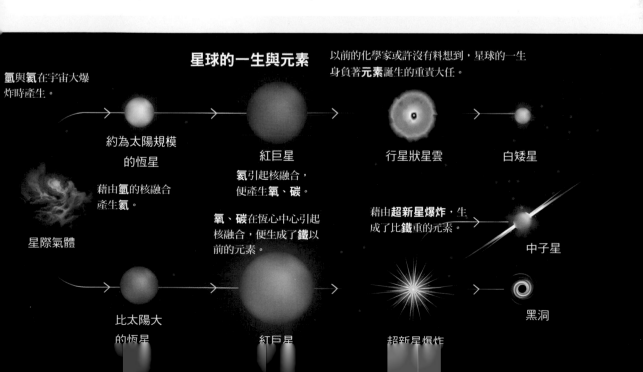

星球的一生與元素

以前的化學家或許沒有料想到，星球的一生
身負著**元素**誕生的重責大任。

氫與**氦**在宇宙大爆
炸時產生。

約為太陽規模
的恆星

紅巨星
氦引起核融合，
便產生**氧**、**碳**。

行星狀星雲

白矮星

藉由**氫**的核融合
產生**氦**。

氧、**碳**在恆心中心引起
核融合，便生成了**鐵**以
前的元素。

藉由**超新星爆炸**，生
成了比**鐵**重的元素。

星際氣體

中子星

比太陽大
的恆星

紅巨星

超新星爆炸

黑洞

95 Am 鋂

（語源） 美洲

英語America「美洲」+-ium
→英語americium「鋂」

這款煙霧偵測器的感應部分使用二氧化鋂AmO₂，上面標註著有放射性及Americium 241。日本2004年修法，對鋂241（241Am）的限制變嚴格，離子式偵測器變得無法使用鋂241（241Am），幾乎不用鋂241（241Am）的「光電式」偵測器就多了起來。在日本如果要丟棄離子式偵測器時，若煩惱要不要送回製造廠商、製造廠商不明、或製造廠商已不存在，可洽詢公益社團法人日本同位素協會。

照片：shutterstock.com

（發現者） 美國：格倫・西博格、拉爾夫・詹姆斯・里昂・摩根（1944）

（名稱的由來）

1944年，美國加州大學柏克萊研究所團隊首次合成鋂。用中子照射鈽239後，一旦原子核捕獲中子，便會生成鈽241，而鈽241（半衰期14年）進行 β 衰變後，則會生成鋂241（^{241}Am）。

americium這個名字，取自發現者是美國人，再加上週期表上一個位置的鋦源自歐洲之故，所以用「美洲」（不僅指美利堅合眾國，而是美洲諸國）來取名。

鋂241在核電廠中是鈽的副產物，會大量生成，以輻射源來說相對容易獲得，再加上半衰期為432年相對長，所以用作煙霧偵測器的感應部分。不過並非所有煙霧偵測器都使用鋂241，而是只用於「離子式煙霧偵測器（ionization smoke detector）」這種類型。鋂241會持續放出 α 射線游離空氣、製造離子。將鋂241放入游離腔中，煙霧偵測器的感應部分會測定游離腔內的離子數。若將游離腔打個洞，吹入火災時產生的煙霧，煙霧遮斷 α 射線，使偵測到的離子數變少，警報器就會響了。

在兒童猜謎節目上發表元素！？

發現與鋦是在1944年，然而製造原子彈的相關機密情報到1945年為止都是祕密。1945年11月11日，鋂的發現者西博格（Glenn T. Seaborg）上每週日全美播映的兒童猜謎節目Quiz Kids當嘉賓，這個節目找來多位高IQ的孩子當答題者，讓大家回答謎題，比誰更聰明。來賓西博格是原子彈的開發者，當時在美國非常有名，孩子們不停發問，一開始提出有關原子彈的問題還算容易回答。然而有名叫理察・威廉斯的少年，天真無邪地問了西博格「戰爭期間繼鈽及鋦之後，有發現新元素嗎？」儘管再過5天西博格才要於美國化學會正式發表消息，他依舊誠實地在現場直播時回答有發現兩種新元素。這是唯一一次在兒童節目上首次公布發現新元素。

Quiz Kids是1940到1956年的人氣長壽節目，一開始是廣播，最後甚至變成電視節目。主持人、出題者喬・凱利（Joe Kelly）曾說「我自己要是沒有看答案卡，幾乎所有問題都答不出來」，由此可知問題的難度相當高。聽眾中受邀上台答題者，可獲得上圖的明信片。順帶一提，年輕的詹姆士・華生（DNA分子結構發現者之一）也曾在別集節目出場，贏得冠軍及獎金100美元，據說他為了興趣——觀察野鳥，把獎金拿去買望遠鏡了。

Cm 補充
自居禮以後，冠上對科學進步有貢獻者之名的元素增加了（愛因斯坦、門德列夫、諾貝爾等等），即使這些元素跟人沒什麼關係。除此之外，也會拿發現元素的研究所名稱、城市、州郡或國家來命名。之所以沒有根據其性質來命名，是因為這些元素無法製造出足以深入調查的量，或者太過短命的緣故。

96 Cm 鋦

語源 法國物理學家
居禮伉儷

人名Curie「居禮」+ -ium
→英語curium「鋦」

發現者 美國：格倫·西博格、拉爾夫·詹姆斯、亞伯特·吉奧索（1944）

名稱的由來

1944年，美國的加州大學柏克萊研究所團隊用 α 粒子照射鈽239（^{239}Pu），合成了鋦242（^{242}Cm，半衰期163天），為了稱頌研究放射性出名的**居禮伉儷**，便以他們的名字取名。由於週期表上一個位置的釓$_{64}$Gd是用人名（釓的發現者加多林→p.67）取名的，所以想說照這個規則走。釓與鋦在週期表的位置是上下格，此意味著其外殼層電子排列很類似。

地名、大陸名　　　人名　　　地名、都市名

63 Eu 銪　歐洲
64 Gd 釓　芬蘭化學家 加多林
65 Tb 鋱　瑞典地名 伊特比
95 Am 鋂　美洲
96 Cm 鋦　法國物理學家 居禮伉儷
97 Bk 鉳　美國加州 柏克萊

地名、大陸名　　　人名　　　地名、都市名

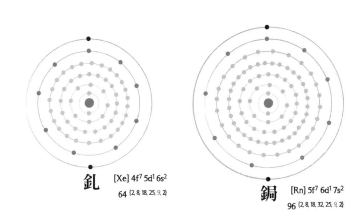

釓　[Xe] 4f^7 5d^1 6s^2
64　(2, 8, 18, 25, 9, 2)

鋦　[Rn] 5f^7 6d^1 7s^2
96　(2, 8, 18, 32, 25, 9, 2)

在廣播節目募集新元素名字！？

1945年11月宣布發現鋂與鋦時，還沒有決定名稱。由於研究者在實驗中要分離2種元素也極度困難，所以暫時稱之為pandemonium（「伏魔殿、罪惡淵藪」之意）與delirium（「精神錯亂」、「譫妄」之意）。1945年12月15日，西博格上另一個廣播節目Adventure In Science，被問到沒有名字的新元素，他如此回答：「我用海王星替鎿（第93號元素）命名，用冥王星替鈽（第94號元素）命名，各有各依循的道理。天文學家在冥王星之後還沒有發現新的行星，那就必須用不同的方式來命名。」主持人問說「如果聽眾寄來新元素名稱的提議，您會參考看看嗎？」西博格答應了，接著收到來自各界聽眾的名稱候補。其中像是※sunonium（Sun〔太陽〕）、moononium（Moon〔月亮〕）等，很多與天體相關的命名。由於行星都已經用過，連nebulium（nebula〔星雲〕）、星座的big dipperain（Big dipper〔北斗七星〕）、ariesium（Aries〔牡羊座〕）還有星星名稱sirium（Sirius〔天狼星〕）、canopium（Canopus〔老人星〕）都出現了。因為是人工的元素，所以也有artifium、artifician（artificial〔人工的〕）、cyclo（cyclotron〔迴旋加速器〕）、mechanicium等提議。甚至像quizkellyium（Quiz＋Kelly＋-ium）這種異想天開的名稱都蹦出來啦！（請參閱左頁專欄）。就這樣，西博格向一般民眾的發想表示謝意，並將所有提議刊登在化學期刊上。

※以日文來讀sunonium，拉丁語讀作スノニアム，英語發音則接近サノニアム，不過想當然爾，這些詞彙並沒有確定的讀音。

Cf補充 鉲（californium）的日語カリホルニウム也有人寫成「カリフォルニウム」，不過日本化學會採用的是「カリホルニウム」。fo在日語化學用詞中經常用「ホ」標示（例如甲醛〔formaldehyde〕為**ホ**ルムアルデヒド）。同樣的，鑪（Rutherfordium）是ラザ**ホ**ージウム。另外，鐨（fermium）並非ヘルミウム，而是フェルミウム。元素名稱中沒有fa、fi的例子。

97 **Bk** 鉳

發現者 美國：格倫・西博格、亞伯特・吉奧索、史坦利・湯普森（1949）

語源 美國加州
柏克萊
英語Berkeley「柏克萊」[bɚːkli]＋
-ium
→英語berkelium「鉳」

名稱的由來

用α射線照射鋂（95Am）製造出的新元素。發現者西博格等人的研究所位於美國加州大學柏克萊分校，便以其地名**柏克萊**命名。berkelium的重音在第2音節[bɚːkíːliəm]；也可將重音放在第1音節[bɚ́ːkliəm]。

98 **Cf** 鉲

發現者 美國：格倫・西博格、亞伯特・吉奧索、史坦利・湯普森、小肯尼斯・史翠特（1950）

語源 美國地名
加州
英語California「加州」＋-ium
→英語californium

名稱的由來

以西博格等人的研究所所在地 —— 美國加州大學或州名**加州**來取名。

99 **Es** 鑀

發現者
美國：格倫・西博格的團隊（1952）

語源 德國物理學家
愛因斯坦
人名Einsten「愛因斯坦」（字義為「一個石頭」）＋-ium
→英語einsteinium

名稱的由來

1955年國際原子能會議上命名的，為了讚揚命名前4個月去世的德國物理學家**亞伯特・愛因斯坦**的成就，便以他的名字來替新元素命名。鑀的日語之所以並非「アイン**シュ**タイニウム」而是「アイン**ス**タイニウム」，是以英語發音為準的緣故（Einsten英語發音為[áinstain]）。德語中詞彙字首的st發音為[ʃt]，詞彙中間的st則發普通的[st]音。那麼，為什麼Einsten的st明明是在詞彙中間，德語卻唸[ʃt]的音？Einsten是Ein（一個的）＋Stein（石頭）的合成詞，所以直接保留了[ʃt]的音。其他例子還有德語Sauerstoff（氧），這是sauer（酸、酸的）＋Stoff（物質，相當於英語的stuff），所以詞彙中的st也唸[ʃt]的音。

鑀Es與鐨Fm是從1952年世界首次氫彈實驗（在馬紹爾群島的以內維塔克環礁）的放射性落塵中發現的，然而由於氫彈實驗是機密，所以官方發表的說法為「1954年從原子爐中發現的」。

100 **Fm** 鐨

發現者
美國：格倫・西博格的團隊（1953）

語源 義大利物理學家
費米
人名Fermi「費米」＋-ium
→英語fermium

名稱的由來

鐨是為了稱頌在統計力學及核子物理學等方面留下豐功偉業的義大利物理學家**恩里科・費米**所取的名字。費米在1954年，鐨命名的前1年去世。雖然費米本身沒有發現新元素，但是他用中子撞擊存在於自然界中的各種元素，製造出眾多**人工放射性同位素**。

101 **Md** 鍆

語源 俄羅斯化學家
門德列夫
人名Mendeleev「門德列夫」+ -ium
→英語mendelevium

發現者 美國：格倫·西博格、亞伯特·吉奧索、史坦利·湯普森、伯納德·哈維、格雷戈里·蕭邦（1944）

名稱的由來

用發表週期表的俄羅斯化學家**門德列夫**來取名的。元素符號一開始是Mv，但2年後IUPAC更改為Md。順帶一提，IUPAC也在同一年將氬的元素符號從A改成Ar。

102 **No** 鍩

語源 瑞典化學家
諾貝爾
人名Nobel「諾貝爾」+ -ium
→英語nobelium

No

發現者 俄羅斯：格奧爾基·弗廖羅夫率領的杜布納聯合原子核研究所團隊（1966）

名稱的由來

在蘇聯、英國、瑞典、美國研究者間的競爭下，發現了這個新元素。1956年，弗廖羅夫率領的團隊宣稱他們用氧 16 撞擊鈽241製造出了新元素，為了向該年3月去世的法國化學家伊琳·若利歐－居禮（Irène Joliot-Curie）表示敬意，將該元素稱為joliotium。雖然弗廖羅夫自認受認可，但他們的數據並不完備（無論哪國的初期實驗數據都不完備）。1957年，瑞典的諾貝爾研究所（瑞典、英國、美國聯合研究）發表報告說用碳13照射鋦244製造出了新元素，瑞典化學家用自家研究所的名字**「諾貝爾」**替該元素取名為**nobelium**（^{253}No）。美國西博格率領的加州大學團隊無論重複多少次該實驗都失敗，無法確認該元素的存在，他們私底下偷偷稱之為**nobelievium**（no believe，意為「不可信的」）。1958年，他們發表報告指出，改變方法用碳12照射鋦244，成功合成出第102號元素（^{254}No），然而故事並沒有結束。1960年代，弗廖羅夫團隊轉移到新設立的杜布納聯合原子核研究所，驗證加州大學團隊進行的實驗，指出他們進行的元素同位素鑑別（也就是鑑別中子數）及半衰期評估錯誤，並不停主張「就算美國合成了新元素，如果鑑別同位素有錯誤的話，便說不上是真正的發現！因此蘇聯團隊在1966年的合成才是正確、首次發現新元素。」加州大學團隊立刻驗證，發現了自己實驗的錯誤，主張雖然自己計算錯誤，但發現新元素本身卻是事實，所以優先權在自己這邊。兩者互不相讓，僵持多年。

就這樣，美國與蘇聯在政治的世界持續冷戰，為了獲得發現新元素的榮耀，同時也賭上各國的威信，在科學領域中相互競爭。

琳·若利歐－居禮（1897-1956），是居禮伉儷的女兒。1934年，她用α射線照射鋁薄片，製造出具有放射性的磷，這是世界首次發現人工放射性元素。1935年，她與丈夫也是共同研究者的弗雷德里克·若利歐－居禮一起獲頒諾貝爾化學獎。她的先生是共產主義者，夫婦倆積極支持蘇聯，蘇聯或許因此選用她這位西方人士來命名。如果當初元素名稱決定為joliotium，說不定就產生了唯一J開頭的元素符號（JI或Jo）。

J1

其實拔得頭籌的是諾貝爾研究所？

1967年，加州大學團隊將以前斯德哥爾摩諾貝爾研究所宣稱用^{13}C與^{244}Cm合成^{253}No的反應（被挪揄是nobelievium）改良後，居然成功合成新元素，但確認方法卻出錯了。否則到頭來，這場競賽真正拔得頭籌的也有可能是諾貝爾研究所。

由於1990年時，不僅對鍩，科學界首次對好幾個超鈾元素的見解有所出入，所以設置了IUPAC-IUPAP聯合工作小組，進行調查以重新確認所有超鈾元素的優先權。此調查耗費時日，最後認為1966年舊蘇聯有關鍩的報告是正確的，但仍舊沿用nobelium這名字。

103 **Lr** 鐒

語源 美國物理學家
勞倫斯

人名Lawrence「勞倫斯」+ -ium
→英語lawrencium

Lawrencium
Lawrencium

吉奧索團隊本來提議Lw作為鐒的元素符號，但IUPAC後來採用了Lr。

鐒的語源人名勞倫斯，是來自拉丁語中意為「月桂樹」的laurus。這個名字演變成義大利語Lorenzo（羅倫佐）、法語Laurent（羅蘭）、德語Lorenz（羅倫茲）、瑞典語Lars（拉斯→p.107拉斯‧尼爾森）。

發現者 美國：亞伯特‧吉奧索、亞蒙‧拉修、羅伯特‧拉提默；挪威：托比昂‧西克蘭（1961）

名稱的由來

1961年，美國加州大學的吉奧索等人發表報告，說他們用硼撞擊鉲複數同位素組成的3mg試料，產生了鐒257（^{257}Lr），新元素是以加州大學教授、開發**迴旋加速器**的物理學家**歐內斯特‧勞倫斯**來取名。然而蘇聯的杜布納聯合原子核研究所對該實驗內容提出異議。1965年，杜布納研究所主張他們用氧18（^{18}O）照射鋂243（^{243}Am），合成了質量256的新元素，衰變後產生鐨252（^{252}Fm）證實了杜布納研究所的主張。1967年時，杜布納團隊提議將該元素稱為rutherfordium，不過最後該名被用作第104號元素鑪的名稱。

之後加州大學研究所進行了一系列測量鐒同位素半衰期的研究，證實1961年製造出被認為是鐒257的元素，其實是鐒258。

勞倫斯與迴旋加速器

勞倫斯利用帶電粒子在磁場中運動時軌道會彎曲的特性，發明了可一邊畫螺旋軌道一邊加速的粒子加速器，取意為「圓、車輪」的cycl-命名為**cyclotron（迴旋加速器）**。最早開發的迴旋加速器實驗機直徑約4英寸（10cm）左右，是台小型的機器，而1934年時蓋了一台27英寸（68cm）的實用機。託迴旋加速器的福，1936年時製造出了元素鎝。之後加州大學的柏克萊團隊利用迴旋加速器不斷合成超鈾元素及各種元素的同位素。話說回來，鐒的合成並不是用迴旋加速器，而是用重離子直線加速器進行的。

日本的仁科芳雄教授早眾人一步著眼於迴旋加速器，1937年在理化學研究所的仁科研究所建好日本首座迴旋加速器。然而第二次世界大戰後，懼怕核能開發的駐日盟軍總司令部GHQ不僅破壞了理研大小2台迴旋加速器，也破壞了大阪帝國大學（現在的大阪大學）和京都帝國大學（現在的京都大學）2台建設中的迴旋加速器。理研最大的那台沉進了東京灣。這種破壞行為遭到全世界科學家的責難，麻

薩諸塞工科大學的科學家更因為這「野蠻至極的行為」送抗議書給陸軍首長。1951年，訪問日本的勞倫斯發表聲明，說他支持重新建設迴旋加速器進行研究。1952年時，在理研的第3號迴旋加速器完工。

27英寸的迴旋加速器。圖中右側人物為勞倫斯，左側則是迴旋加速器的共同開發者史坦利‧李文斯通。為了製造出強大的磁場，迴旋加速器被巨大的磁鐵包夾。

游離能

所謂「游離能」，是指從原子除去電子，使原子變成陽離子所需要的能量。週期表越往右上方走，游離能越大。游離能大的鈍氣相當穩定。反過來說，游離能小的第1族元素容易變成陽離子，與各種物質劇烈反應。

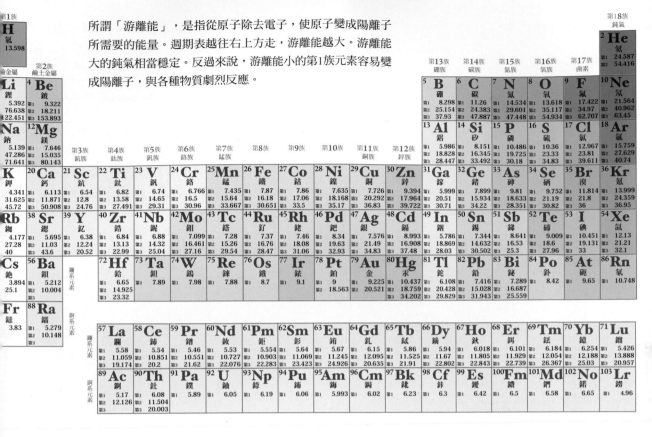

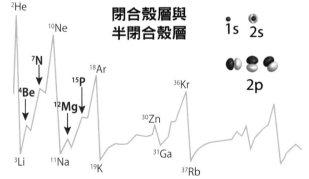

閉合殼層與半閉合殼層

若將游離能畫成曲線圖，可以看出電子殼層都填滿的鈍氣穩定且數值高，接著是鹼金屬的低數值。兩者間看起來像瀑布一瀉千里，不過再仔細看，其中鈹、氮、鎂及磷處有突起的山峰。鈹的K殼層全都填滿了，但L殼層還沒。實際上，L殼層有1個2s軌道及3個2p軌道，每個軌道都會放入1對電子。鈹的2s軌道填滿後形成「閉合殼層」，這種情況下，即使L殼層沒有全部填滿，電子配置也是某種程度的穩定，所以游離能會稍微提高（鎂也是同樣的情況）。此外，氮的3個2p軌道各只填入1個電子（也就是都只填了一半），稱為「半閉合殼層」，也是偏向穩定的狀態，所以游離能會稍微提高。

鐒的游離能

由於鐒很難做實驗，幾乎不清楚其化學性質，很長一段時間都不知道游離能為何。直到2015年，日本核能研究開發機構團隊與德國梅因斯大學、瑞士歐洲原子核研究機構的研究團隊等進行國際共同研究，才首次成功測定第103號元素鐒的游離能。鐒的第1游離能測定為4.96 ± 0.08eV，此因鐒最外殼層的電子結合極度鬆散。鑭系元素中最後1個鎦比其他鑭系元素的游離能低，而鐒的游離能也比其他錒系元素來得低，與鑭系元素的特徵相似，可由此證明錒系元素結束在第103號元素。

歐內斯特・拉塞福
Ernest Rutherford
（1871-1937）
紐西蘭出生的
英國物理學家。

104 **Rf** 鑪

發現者
美國：加州大學柏克萊分校團隊（1969）

語源 英國物理學家
拉塞福
人名Rutherford「拉塞福」+-ium
→英語rutherfordium

在認為原子不變、不能再分割的時代中，提出「放射性元素轉化說」，也就是元素會放出輻射，變成另種元素的學說。不僅如此，拉塞福也主張原子衰變時會產生輻射性的「原子衰變說」。這代表中世紀煉金術士的夢想某種意義上，在現實中發生了。拉塞福因為種種成就被尊稱為「原子物理學之父」。

超鑪戰爭

美蘇兩國賭上尊嚴與國家預算，爭相尋找鑪之後元素的競爭稱為「超鑪戰爭」。這種競爭讓物理學急速進步，然而另一方面，太早用不充分的數據進行發表，或是竄改數據也時有耳聞。這可說跟科學家急於發表、處於極端壓力之下有關係吧。

名稱的由來
第104號元素鑪之後的元素都稱為**「超重元素」**。到發現第103號元素為止都是美國獨占鰲頭，不過1964年，蘇聯杜布納研究所團隊發表報告，說他們用氖22的離子照射鈽242，成功合成質量數259的新元素。1969年，加州大學柏克萊分校的**亞伯特・吉奧索**團隊發表他們用碳12撞擊鉲249，合成了第104號元素（^{257}Rf），攻擊蘇聯的發現數據並不充分。蘇聯主張元素名稱要取為**kurchatovium（元素符號Ku）**，美國則主張元素名稱要取名**rutherfordium**。Ku取自蘇聯開發原子彈的物理學家**伊果・庫爾恰托夫（Igor Kurchatov）**。長久以來兩國不同的稱呼讓混亂持續了一段時間，最後IUPAC在1997年認可了rutherfordium。
鑪取自英國物理學家**歐內斯特・拉塞福**之名，他發現了α射線、β射線、原子核與輻射半衰期等等，成就凜然，被稱為「原子物理學之父」。

105 **Db** 𨧀

發現者 ①蘇聯：聯合原子核研究所團隊（1970）
②美國：加州大學柏克萊分校團隊（1970）

語源 俄羅斯城市名
杜布納
俄羅斯語Дубна（Dubna）
「杜布納」+-ium
→英語dubnium

名稱的由來
1970年，由加州大學的吉奧索所發現，提議以德國物理學家奧托・漢恩之名命名為**hahnium**。幾乎在同個時期，蘇聯的杜布納也成功合成了新元素，他們則提議以丹麥物理學家尼爾斯・波耳之名取名為**nielsbohrium**。最後兩者皆未被採用。IUPAC決定以俄羅斯聯合原子核研究所的所在地——俄羅斯莫斯科州的城市**杜布納**，將其稱為dubnium（1997年）。順帶一提，杜布納（Dubna）是源自俄語指稱「橡樹（櫟樹同類）」的詞。

106 **Sg** 𨭎

發現者
美國：加州大學柏克萊分校團隊（1974）

語源 美國化學家
西博格
英語Seaborg「西博格」+-ium
→英語seaborgium

名稱的由來
以美國化學家、物理學家**格倫・西博格**取名的。西博格因為發現超鈾元素的成就獲頒諾貝爾化學獎。這是史上首次以依舊存活在世界上的名人替元素命名，1997年由IUPAC認可。

107 **Bh** 鈹

德國：重離子研究所（GSI）的團隊（1981）

語源 丹麥物理學家
波耳

人名Bohr「波耳」+-ium
→英語bohrium

名稱的由來

1981年，由西德（如今的德國）**高特弗里德‧慕森貝格**率領的重離子研究所團隊用鉻54（^{54}Cr）撞擊鉍209（^{209}Bi），合成出質量數263的第107號元素。以往都是美蘇在競爭發現新元素，之後加入了第三勢力的德國，且迅速獨占鰲頭。

西德是以丹麥物理學家**尼爾斯‧波耳**將該元素命名為**nielsbohrium**。波耳對確立量子力學有所貢獻，獲頒諾貝爾物理學獎。1997年IUPAC以沒有拿人名全名來替元素命名的前例為由，認可bohrium這個名稱。

108 **Hs** 鏍

發現者

德國：重離子研究所（GSI）的團隊（1984）

語源 德國地名
赫森邦

德語Hessen「赫森」的拉丁語hassia
+-ium
→英語hassium「鏍」

名稱的由來

由德國**重離子研究所**的團隊合成，以研究所所在地**赫森邦**取名。1997年IUPAC認可了hassium 之名。

伊琳‧若利歐－居禮重出江湖？

話說回來，前面介紹過蘇聯提議將第102號元素以居禮夫人的女兒伊琳‧若利歐－居禮來命名為**joliotium**，然而第102號元素確定稱為nobelium之後，這次蘇聯團隊又提議將第105號元素命名為joliotium。美蘇針對第一發現者與命名權間的對立不斷延續，IUPAC出面調停，進行了冗長的調查。1997年才確定元素名稱，為求得政治上的平衡，皆給予美國、蘇聯雙方發現、命名的榮譽。其中也有舊稱呼與名稱不同的元素。話雖如此，但元素與人名或地名間沒有特別強烈的關聯，也沒什麼關係。再說回來，最終第105號的元素名稱也不是joliotium。

	美國主張	1994年以前 蘇聯（俄羅斯）主張	1994年IUPAC（未確定）	1997年IUPAC（已確定）
102	nobelium	joliotium nielsbohrium	nobelium	鍩 nobelium
103	lawrencium Lw	rutherfordium	lawrencium Lr	鐒 lawrencium
104	rutherfordium	kurchatovium Ku	dubnium	鑪 rutherfordium
105	hahniumu Ha	nielsbohrium Ns	joliotium	𨧀 dubnium
106	seaborgium		rutherfordium	𨭎 seaborgium
107			bohrium	鈹 bohrium
108			hahniumu	鏍 hassium

109 **Mt** 䥑

發現者
德國：重離子研究所（GSI）的團隊（1982）

語源 奧地利物理學家
邁特納
人名Meitner「邁特納」+-ium
→英語meitnerium

名稱的由來
德國的重離子研究所用鐵58撞擊鉍209，合成出266Mt。3年後蘇聯的杜布納研究所進行重複試驗。這個新元素是以發現原子核分裂的奧地利女性物理學家莉潔‧邁特納來取名的。1997年時IUPAC認可了這個名稱。

110 **Ds** 鐽

發現者
德國：重離子研究所（GSI）的團隊（1995）

語源 德國地名
達姆施塔特
德語Darmstadt「達姆施塔特」
+-ium
→英語darmstadtium

名稱的由來
由位於德國赫森邦達姆施塔特的重離子研究所合成，便以研究所所在地達姆施塔特市來取名，2003年時IUPAC認可了這個名稱。

達姆施塔特（Darmstadt）的由來並無定論。從st-的發音[ʃt]，看得出這個詞是Darm與Stadt的合成詞（→p.88鐽）。Darm意為「腸子」，Stadt意為「都市、城鎮」（最後面的-dt德語發音為[t]）。然而從11世紀時的拼法Darmundestat可知，「腸之鎮」並非其語源。實際上，有個說法指這是名為Darimund之人的城市；也有說法指這是凱爾特語中dar（橡樹）＋mont（山），也就是「橡樹山」的意思（還有其他各種說法）。如果達姆施塔特是「橡樹山」，那麼與俄羅斯原子核研究所的杜布納有「橡樹」之意恰巧一致。

111 **Rg** 錀

發現者
德國：重離子研究所（GSI）的團隊（1995）

語源 德國物理學家
侖琴
人名Röntgen「侖琴」+-ium
→德語Röntgenium（Roentgenium）
→英語roentgenium

名稱的由來
德國的重離子研究所在發現鐽後僅僅數個月便合成出錀，以發現X光的德國物理學家魏爾黑姆‧侖琴來取名。2004年時IUPAC認可了這個名稱。

112 **Cn** 鎶

發現者
德國：重離子研究所（GSI）的團隊（1996）

語源 波蘭天文學家
哥白尼
人名Copernicus「哥白尼」
+-ium
→英語copernicium

名稱的由來
以主張地動說的波蘭天文學家尼可拉斯‧哥白尼來取名的。據說此因哥白尼的地動說模型是行星繞著太陽運行，很類似原子核周圍有電子環繞的原子模型，所以選了哥白尼來取名。2010年時IUPAC認可了這個名稱。

冷核融合（Cold fusion）× 熱核融合（Hot fusion）

所謂冷核融合，是合成超鋼系元素的方法之一，指用重離子束撞擊、產生核融合時，過渡核的激發能相對較小的反應；相對較大的原子核會用光束來撞擊。過渡核放出1個中子，便合成目標物的新核種。德國的重離子研究所利用這種方法依序發現數個超重元素。從第107號到第113號的超鋼系元素皆是用相同手法合成出來的（日本合成的第113號鉨也是用這種方法）。

另一方面，用於發現第114號到118號元素的熱核融合，則是過渡核的激發能相對較大的反應。無論哪種方法，都是第118號元素名稱由來的俄羅斯物理學家阿格尼相所想出來的。

克服女性、人種歧視，投身研究的邁特納

1878年，莉潔‧邁特納出生於奧地利首都維也納，是猶太裔律師的女兒。當時女性尚未有接受高等教育的機會，進大學被認為是不可能的。然而1901年，教育方面實現男女平等，維也納大學校方終於認可當法語教師的邁特納在23歲時進入大學就讀。她一上大學便沉醉在數學及物理學中，是維也納大學第4位獲得博士學位的女性。後來她為了上柏林大學物理學家馬克斯‧蒲朗克的課而搬家到柏林。1907年，邁特納開始在費雪研究所與奧托‧漢恩進行共同研究。然而，嫌棄跟女性在同個職場工作的所長卻要她待在研究所地下室的木工作業場所，不准出來。即使在如此歧視女性的環境下，她依舊透過共同研究，拿出發現放射性鏷等等傲人成就。1912年，邁特納轉移到皇帝威廉研究所，1918年，與漢恩共同發現第91號元素鏷。其實漢恩在1914年第一次世界大戰爆發時被強迫上戰場，所有實驗和論文都是邁特納完成的，不過邁特納依舊與漢恩聯名發表論文。

1933年，納粹掌握德國政權，迫害猶太人的行動也波及科學家。邁特納被剝奪教授資格，雙手空空地離開了德國。她暫時躲藏在丹麥的尼爾斯‧波耳之處，接著流亡到瑞典。1938年，漢恩與共同研究者斯特拉斯曼發現用慢中子照射鈾會生成鋇。漢恩寫信問邁特納這之中發生了什麼事？邁特納導出了世界首次出現的「核分裂」新概念。之後由愛因斯坦的E=mc²公式首次計算出核分裂會釋放出莫大能量。話說回來，後來開發核子武器與她無關。漢恩發表論文時拿掉了邁特納的名字（跟猶太裔女性聯名發表論文在當時的德國是不可能的事！）1944年，只有漢恩因為發現核分裂反應的成就獲頒諾貝爾化學獎。過了很久之後，邁特納的成就才獲得肯定，彼時冷戰也結束了，1997年時才以元素名稱Meitnerium以茲紀念。另一方面，漢恩的名字也成為元素名稱候補好幾次（hahniumu），但最後都沒有被採用（請參閱p.93的表）。

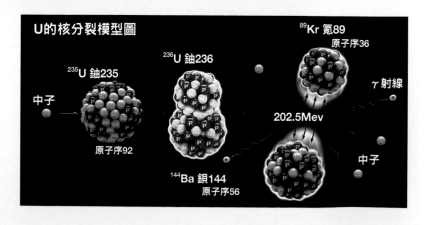

U的核分裂模型圖

²³⁵U 鈾235　原子序92
²³⁶U 鈾236
¹⁴⁴Ba 鋇144　原子序56
⁸⁹Kr 氪89　原子序36
中子
γ射線
202.5Mev
中子

Nh 補充　Nihonium在h不發音的語言（源自拉丁語的義大利語、法語、西班牙語）中，很有可能唸成ニオニ（nionyo），葡萄牙語中除了講nionio，也會用niponio。在h不發音的現代希臘語中，嚴格來說雖然h跟 χ 兩者不同，但會用 χ（無聲軟顎摩擦音）唸成Νιχόνιο（日語讀作ニホニオ〔nihonio〕）。

113 **Nh** 鉨

語源　日本

日語日本（Nihon）+ -ium
→英語nihonium

發現者
日本：理化學研究所森田浩介等人的團隊（2004）

名稱的由來

進行第113號元素合成的有俄羅斯杜布納聯合原子核研究所、美國勞倫斯利物浦國家實驗室的聯合團隊，還有森田浩介率領的日本理化學研究所團隊。美國勞倫斯利物浦國家實驗室的聯合團隊發表報告指出，他們藉由熱核融合法，用鈣48撞擊鎇243，合成出第115號元素，並在 α 衰變後產生第113號元素。日本的理研則嘗試藉由冷核融合法，用鋅70撞擊鉍209來合成第113號元素。開始照射原子束後第80天——2004年7月成功合成第1個，2005年4月合成第2個，2012年8月合成第3個第113號元素。經過觀察，第3個113元素經過6次 α 衰變，最後變成已知核種的第101號元素鍆254。^{165}Nh的半衰期為1.4ms，時間相當短。雖然在時間上，是俄羅斯、美國聯合團隊先合成第113號元素，但數據充足卻是日本的優勢。之前德國重離子研究所成功合成出第3個111號元素錀不久便拿到命名權，而這次雖說日本表達了想替新元素命名的期望，也只能屏息以待，看看IUPAC會將命名權給誰。最後終於在2015年時，將命名權給了日本，2016年時IUPAC認可以**日本**為由將新元素取名為nihonium。在此之前，暫時稱之為ununtrium。

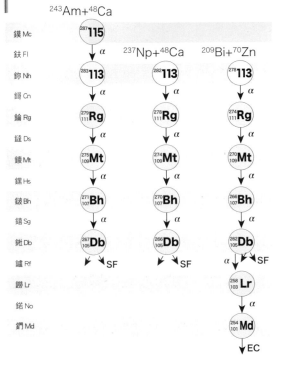

$^{243}Am + ^{48}Ca$

鎮Mc
鈇Fl
鉨Nh
鎶Cn
錀Rg
鐽Ds
䥑Mt
𨭆Hs
𨧀Bh
𨭎Sg
𨧀Db
鑪Rf
鐒Lr
鍩No
鍆Md

$^{287}115$ → α → $^{283}113$ → α → $^{279}_{111}Rg$ → α → $^{275}_{109}Mt$ → α → $^{271}_{107}Bh$ → α → $^{267}_{105}Db$ → SF

$^{237}Np + ^{48}Ca$

$^{282}113$ → α → $^{278}_{111}Rg$ → α → $^{274}_{109}Mt$ → α → $^{270}_{107}Bh$ → α → $^{266}_{105}Db$ → SF

$^{209}Bi + ^{70}Zn$

$^{278}113$ → α → $^{274}_{111}Rg$ → α → $^{270}_{109}Mt$ → α → $^{266}_{107}Bh$ → α → $^{262}_{105}Db$ → α / SF → $^{258}_{103}Lr$ → $^{254}_{101}Md$ → EC

和光市的鉨大道

埼玉縣和光市為了紀念發現鉨，將和光市站到理化學研究所約1km的道路命名為**鉨大道**。市政府在這條路設置了原子序1到113的路標、紀念碑等物，將這裡打造成和光市的象徵大道。各位要不要帶著孩子們來這裡，試著邊散步邊說說元素的故事呢？

從車站走鉨大道，前進約1/3處可見到鉨的紀念碑。

標示鋯的路標。

理化學研究所西門前的大型路牌。

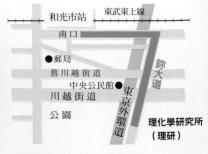

沒有許可者不得進入理研領地。
每年會向一般民眾開放一次。

96

114 **Fl** 鈇

發現者 俄羅斯：聯合原子核研究所與美國：勞倫斯利物浦國家實驗室的聯合團隊（1998）

語源 俄羅斯原子核研究所 **弗廖羅夫**

俄語Флёров（Flerov）
「弗廖羅夫」+-ium
→英語flerovium

名稱的由來
以俄羅斯聯合原子核研究所內弗廖羅夫原子核研究所的名稱**弗廖羅夫**來命名。研究所名稱取自物理學家格奧爾基‧弗廖羅夫。2012年IUPAC認可了flerovium這個名字。弗廖羅夫是自發性核分裂的發現者，也是蘇聯開發核彈的指導者。

115 **Mc** 鏌

發現者 俄羅斯：聯合原子核研究所與美國：勞倫斯利物浦國家實驗室、橡樹嶺國家實驗室的聯合團隊（2010）

語源 俄羅斯地名 **莫斯科**

俄語Москва（Moscow）
「莫斯科」+-ium
→英語moscovium

名稱的由來
取自俄羅斯聯合原子核研究所所在地 —— 俄羅斯的**莫斯科州**。IUPAC於2016年認可了這個名字。

116 **Lv** 鉝

發現者 俄羅斯：聯合原子核研究所與美國：勞倫斯利物浦國家實驗室的聯合團隊（2004）

語源 美國的勞倫斯 **利物浦** 國家實驗室

英語Livermore「利物浦」+-ium
→英語livermorium

名稱的由來
以美國**勞倫斯利物浦國家實驗室**來取名的。IUPAC於2012年認可了這個名字。

117 **Ts** 鿬

發現者 俄羅斯：聯合原子核研究所與美國：勞倫斯利物浦國家實驗室、橡樹嶺國家實驗室的聯合團隊（2010）

語源 美國地名 **田納西**

英語Tennessee「田納西」+-ium
→英語tennessine

名稱的由來
以橡樹嶺國家實驗室所在地 —— 美國**田納西州**來取名的。IUPAC於2016年認可了這個名字。

118 **Og** 鿫

發現者 俄羅斯：聯合原子核研究所與美國：勞倫斯利物浦國家實驗室的聯合團隊（2006）

語源 俄羅斯物理學家 **阿格尼相**

俄語Оганесян（Oganessian）
「阿格尼相」+-ium
→英語oganesson

名稱的由來
以俄羅斯的團隊領導、物理學家**尤里‧阿格尼相**來取名的。IUPAC於2016年認可了這個名字。名稱字尾接了代表鈍氣的-on。早期預測氣在常溫常壓下，沸點為-26℃～-10℃，不過最近的預測則為沸點47℃～107℃，常溫下有可能是液體。阿格尼相是繼格倫‧西博格之後，第2位「還活在世界上就被拿來替元素命名的人物」。

拉丁語週期表

拉丁語分為**古典式發音**，以及後代羅馬天主教的**教會式發音**，兩者不同（教會式發音類似現代的義大利語）。古典式發音很類似平文式羅馬字的讀音。

拉丁語是**古羅馬人**使用的語言，不僅在歐洲，也是非洲北部及中東廣泛使用的通用語。羅馬帝國滅亡後，變成羅馬天主教會的通用語。拉丁語隨著時代演變，成為**「通俗拉丁語」**，最後各地方各自產生變化，分化成義大利語、羅馬尼亞語、法語、西班牙語及葡萄牙語等等語言。中世紀時，能接受教育者就屬僧侶神職人員，科學家也大多接受過基礎的宗教教育，有能力讀寫拉丁語。因此**拉丁語是全科學界的共同語言**，世界上的科學家用拉丁語寫論文，無論哪國的科學家都可藉著拉丁語溝通意見。後來由於宗教改革，羅馬天主教的影響力低下，各國國力強盛起來，科學家便以各自國家的語言進行科學性的描述。然而時至今日，拉丁語依舊用於**生物分類學名或解剖學名詞**等世界通用的名稱中。元素符號也是從拉丁語的元素名稱取1個字母或2個字母所組成。

第1族	第2族 鹼土金屬	第3族 鈧族	第4族 鈦族	第5族 釩族	第6族 鉻族	第7族 錳族	第8族	第9族
1 **H** 氫 Hydrogēnium								
3 **Li** 鋰 Lithium	4 **Be** 鈹 Bēryllium							
11 **Na** 鈉 Natrium	12 **Mg** 鎂 Magnēsium							
19 **K** 鉀 Kalium	20 **Ca** 鈣 Calcium	21 **Sc** 鈧 Scandium	22 **Ti** 鈦 Tītānium	23 **V** 釩 Vanadium	24 **Cr** 鉻 Chrōmium	25 **Mn** 錳 Manganum	26 **Fe** 鐵 Ferrum	27 **Co** 鈷 Cobaltum
37 **Rb** 銣 Rubidium	38 **Sr** 鍶 Strontium	39 **Y** 釔 Yttrium	40 **Zr** 鋯 Zircōnium	41 **Nb** 鈮 Niobium	42 **Mo** 鉬 Molybdaenum	43 **Tc** 鎝 Technētium	44 **Ru** 釕 Ruthenium	45 **Rh** 銠 Rhodium
55 **Cs** 銫 Caesium	56 **Ba** 鋇 Barium	鑭系元素	72 **Hf** 鉿 Hafnium	73 **Ta** 鉭 Tantalum	74 **W** 鎢 Wolframium	75 **Re** 錸 Rhenium	76 **Os** 鋨 Osmium	77 **Ir** 銥 Īridium
87 **Fr** 鍅 Francium	88 **Ra** 鐳 Radium	錒系元素	104 **Rf** 鑪 Rutherfordium	105 **Db** 𨧀 Dubnium	106 **Sg** 𨭎 Seaborgium	107 **Bh** 𨨏 Bohrium	108 **Hs** 𨭆 Hassium	109 **Mt** 䥑 Meitnerium

如「英語字尾週期表」（p.31）所示，英語元素名稱的字尾如鹵素為-ine、鈍氣為-on等有各種規律，而拉丁語元素名稱大多為中性名詞的活用字尾-ium。

鑭系元素	57 **La** 鑭 Lanthanum	58 **Ce** 鈰 Cerium	59 **Pr** 鐠 Praseodymium	60 **Nd** 釹 Neodymium	61 **Pm** 鉕 Promēthium	62 **Sm** 釤 Samarium
錒系元素	89 **Ac** 錒 Actīnium	90 **Th** 釷 Thōrium	91 **Pa** 鏷 Prōtactīnium	92 **U** 鈾 Ūranium	93 **Np** 錼 Neptūnium	94 **Pu** 鈽 Plūtōnium

古典式拉丁語的母音唸法雖然有長短不同，但後來差異逐漸消失。羅馬語族中，有些字為重音時，母音會發長音。例如週期表中的Hēlium，會在e上方加個長音記號便於與短音區隔，但一般來說，大部分不會加長音記號。

古典式拉丁語的唸法中，文字C會以日語力行表示，然而發音大多會依循歐洲各國各自的語言規則。拉丁語中，H的發音在初期就被抹滅了（Helium的古典式拉丁語要發音，但教會式則否），因此法語或西班牙語等語言中的H也是不發音的。

			第13族 硼族	第14族 碳族	第15族 氮族	第16族 氧族	第17族 鹵素	第18族 鈍氣
								2 **He** 氦 Hēlium
			5 **B** 硼 Bōrum	6 **C** 碳 Carbōneum	7 **N** 氮 Nitrogenium	8 **O** 氧 Oxygenium	9 **F** 氟 Fluōrium	10 **Ne** 氖 Neon
第10族	第11族 銅族	第12族 鋅族	13 **Al** 鋁 Alūminium	14 **Si** 矽 Silicium	15 **P** 磷 Phōsphorus	16 **S** 硫 Sulphur	17 **Cl** 氯 Chlōrium	18 **Ar** 氬 Ārgon
28 **Ni** 鎳 Niccolum	29 **Cu** 銅 Cuprum	30 **Zn** 鋅 Zincum	31 **Ga** 鎵 Gallium	32 **Ge** 鍺 Germānium	33 **As** 砷 Arsenicum	34 **Se** 硒 Selēnium	35 **Br** 溴 Brōmium	36 **Kr** 氪 Krypton
46 **Pd** 鈀 Palladium	47 **Ag** 銀 Argentum	48 **Cd** 鎘 Cadmium	49 **In** 銦 Indium	50 **Sn** 錫 Stannum	51 **Sb** 銻 Stibium	52 **Te** 碲 Tellūrium	53 **I** 碘 Iodium	54 **Xe** 氙 Xenon
78 **Pt** 鉑 Platīnum	79 **Au** 金 Aurum	80 **Hg** 汞 Hydrargyrum	81 **Tl** 鉈 Thallium	82 **Pb** 鉛 Plumbum	83 **Bi** 鉍 Bismuthum	84 **Po** 釙 Polōnium	85 **At** 砈 Astatium	86 **Rn** 氡 Radon
110 **Ds** 鐽 Darmstadtium	111 **Rg** 錀 Roentgenium	112 **Cn** 鎶 Copernicium	113 **Nh** 鉨 Nihonium	114 **Fl** 鈇 Flerovium	115 **Mc** 鏌 Moscovium	116 **Lv** 鉝 Livermorium	117 **Ts** 础 Tennessium	118 **Og** 氭 Oganesson

63 **Eu** 銪 Eurōpium	64 **Gd** 釓 Gadolinium	65 **Tb** 鋱 Terbium	66 **Dy** 鏑 Dysprosium	67 **Ho** 鈥 Holmium	68 **Er** 鉺 Erbium	69 **Tm** 銩 Thūlium	70 **Yb** 鐿 Ytterbium	71 **Lu** 鎦 Lutetium
95 **Am** 鎇 Americium	96 **Cm** 鋦 Curium	97 **Bk** 鉳 Berkelium	98 **Cf** 鉲 Californium	99 **Es** 鑀 Einsteinium	100 **Fm** 鐨 Fermium	101 **Md** 鍆 Mendelevium	102 **No** 鍩 Nōbēlium	103 **Lr** 鐒 Lawrencium

英語週期表

早期發現元素的大多是英國科學家，而發現超鈾元素的大多是美國科學家。

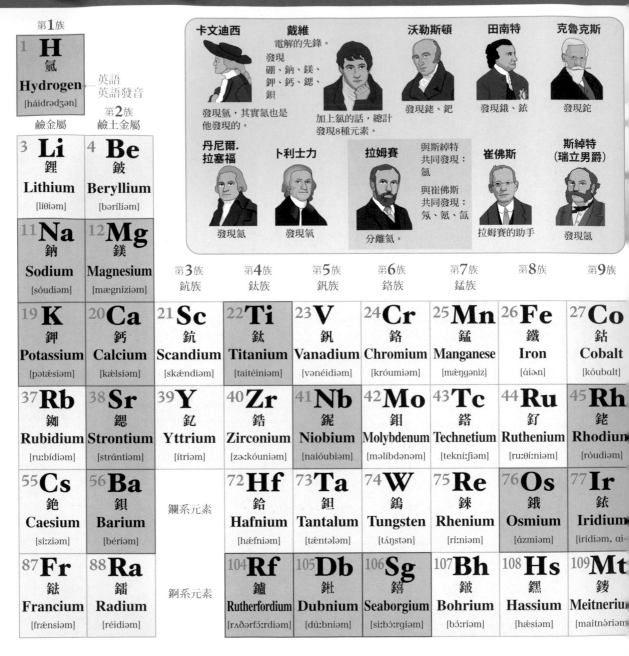

卡文迪西
發現氫，其實氮也是他發現的。

戴維
電解的先鋒。
發現硼、鈉、鎂、鉀、鈣、鍶、鋇

加上氫的話，總計發現8種元素。

沃勒斯頓
發現銠、鈀

田南特
發現鋨、銥

克魯克斯
發現鉈

丹尼爾.拉塞福
發現氮

卜利士力
發現氧

拉姆賽
分離氬。
與斯綽特共同發現：氬
與崔佛斯共同發現：氖、氪、氙

崔佛斯
拉姆賽的助手

斯綽特（瑞立男爵）
發現氬

第1族		
1 **H** 氫 Hydrogen [háidrədʒən]		

英語
英語發音

鹼金屬

第2族 鹼土金屬

3 **Li** 鋰 Lithium [líθiəm]	4 **Be** 鈹 Beryllium [bəríliəm]
11 **Na** 鈉 Sodium [sóudiəm]	12 **Mg** 鎂 Magnesium [mægníziəm]

第3族 鈧族	第4族 鈦族	第5族 釩族	第6族 鉻族	第7族 錳族	第8族	第9族
21 **Sc** 鈧 Scandium [skǽndiəm]	22 **Ti** 鈦 Titanium [taitéiniəm]	23 **V** 釩 Vanadium [vənéidiəm]	24 **Cr** 鉻 Chromium [króumiəm]	25 **Mn** 錳 Manganese [mǽŋgəniz]	26 **Fe** 鐵 Iron [áiən]	27 **Co** 鈷 Cobalt [kóubəlt]

19 **K** 鉀 Potassium [pətǽsiəm]	20 **Ca** 鈣 Calcium [kǽlsiəm]
37 **Rb** 銣 Rubidium [ru:bídiəm]	38 **Sr** 鍶 Strontium [strántiəm]
55 **Cs** 銫 Caesium [sí:ziəm]	56 **Ba** 鋇 Barium [bériəm]
87 **Fr** 鍅 Francium [frǽnsiəm]	88 **Ra** 鐳 Radium [réidiəm]

鑭系元素

鋼系元素

39 **Y** 釔 Yttrium [ítriəm]	40 **Zr** 鋯 Zirconium [zə:kóuniəm]	41 **Nb** 鈮 Niobium [naióubiəm]	42 **Mo** 鉬 Molybdenum [məlíbdənəm]	43 **Tc** 鎝 Technetium [tekní:ʃiəm]	44 **Ru** 釕 Ruthenium [ru:θí:niəm]	45 **Rh** 銠 Rhodium [róudiəm]
72 **Hf** 鉿 Hafnium [hǽfniəm]	73 **Ta** 鉭 Tantalum [tǽntələm]	74 **W** 鎢 Tungsten [táŋstən]	75 **Re** 錸 Rhenium [rí:niəm]	76 **Os** 鋨 Osmium [ázmiəm]	77 **Ir** 銥 Iridium [irídiəm, ɑi-]
104 **Rf** 鑪 Rutherfordium [rʌðərfó:rdiəm]	105 **Db** 𨧀 Dubnium [dú:bniəm]	106 **Sg** 𨭎 Seaborgium [si:bó:rgiəm]	107 **Bh** 𨨏 Bohrium [bó:riəm]	108 **Hs** 𨭆 Hassium [hǽsiəm]	109 **Mt** 䥑 Meitnerium [maitnériəm]

【底色】
發現者是
· 英國人→綠色
· 美國人→藍色

鑭系元素	57 **La** 鑭 Lanthanum [lǽnθənəm]	58 **Ce** 鈰 Cerium [síəriəm]	59 **Pr** 鐠 Praseodymium [prèizioudímiəm]	60 **Nd** 釹 Neodymium [ni:oudímiəm, ni:ə-]	61 **Pm** 鉕 Promethium [prəmí:θiəm]	62 **Sm** 釤 Samarium [səmériəm]
錒系元素	89 **Ac** 錒 Actinium [æktíniəm]	90 **Th** 釷 Thorium [θɔ́:riəm]	91 **Pa** 鏷 Protactinium [pròutæktíniəm]	92 **U** 鈾 Uranium [juréiniəm]	93 **Np** 錼 Neptunium [neptjú:niəm]	94 **Pu** 鈽 Plutonium [plu:tóuniəm]

拉丁語失去科學界共通語言的地位後，19世紀時為了記述科學進展，英語、法語及德語變得全世界通用。冷戰時期俄語與英語並立；冷戰結束後，科學論文幾乎都是用英語書寫的（有一說是約96%以上）。

西博格

與馬可密倫共同發現鈽。與吉奧索共同發現鋂、鋦、鉳、鉲、鑀、鐨、鍆、鍩、鐒

馬林斯基

發現鉅。

吉奧索

發現鑪、𨧀、𨭎。

第10族	第11族 銅族	第12族 鋅族	第13族 硼族	第14族 碳族	第15族 氮族	第16族 氧族	第17族 鹵素	第18族 鈍氣
								2 He 氦 Helium [hí:liəm]
			5 B 硼 Boron [bɔ́:ran]	6 C 碳 Carbon [kάrbən]	7 N 氮 Nitrogen [náitrədʒən]	8 O 氧 Oxygen [áksidʒən]	9 F 氟 Fluorine [flúəri:n]	10 Ne 氖 Neon [nían]
			13 Al 鋁 Aluminium [æljumíniəm]	14 Si 矽 Silicon [sílikən]	15 P 磷 Phosphorus [fάsfəəs]	16 S 硫 Sulfur [sʌ́lfɚ]	17 Cl 氯 Chlorine [klɔ́ri:n]	18 Ar 氬 Argon [ά:rgan]
28 Ni 鎳 Nickel [níkəl]	29 Cu 銅 Copper [kápɚ]	30 Zn 鋅 Zinc [zíŋk]	31 Ga 鎵 Gallium [gǽliəm]	32 Ge 鍺 Germanium [dʒɚméiniəm]	33 As 砷 Arsenic [άrsənik]	34 Se 硒 Selenium [silí:niəm]	35 Br 溴 Bromine [bróumin]	36 Kr 氪 Krypton [kríptan]
46 Pd 鈀 Palladium [pəléidiəm]	47 Ag 銀 Silver [sílvɚ]	48 Cd 鎘 Cadmium [kǽdmiəm]	49 In 銦 Indium [índiəm]	50 Sn 錫 Tin [tin]	51 Sb 銻 Antimony [ǽntəmòuni]	52 Te 碲 Tellurium [təlúriəm]	53 I 碘 Iodine [áiədàin]	54 Xe 氙 Xenon [zínan, zén-]
78 Pt 鉑 Platinum [plǽtinəm]	79 Au 金 Gold [góuld]	80 Hg 汞 Mercury [mɚ́:kjuri]	81 Tl 鉈 Thallium [θǽliəm]	82 Pb 鉛 Lead [led]	83 Bi 鉍 Bismuth [bízməθ]	84 Po 釙 Polonium [pəlóuniəm]	85 At 砈 Astatine [ǽstəti:n]	86 Rn 氡 Radon [réidan]
110 Ds 鐽 Darmstadtium [da:rmʃtά:tiəm]	111 Rg 錀 Roentgenium [rentgéniəm]	112 Cn 鎶 Copernicium [koupərnísiəm]	113 Nh 鉨 Nihonium [nihóuniəm]	114 Fl 鈇 Flerovium [fliróuviəm]	115 Mc 鏌 Moscovium [maskáuviəm]	116 Lv 鉝 Livermorium [livərmɔ́:riəm]	117 Ts 鿬 Tennessine [ténəsi:n]	118 Og 鿫 Oganesson [ougənésan]

63 Eu 銪 Europium [juəróupiəm]	64 Gd 釓 Gadolinium [gæ̀dəlíniəm]	65 Tb 鋱 Terbium [tɚ́:biəm]	66 Dy 鏑 Dysprosium [dispróuziəm]	67 Ho 鈥 Holmium [hóumiəm]	68 Er 鉺 Erbium [ɚ́:biəm]	69 Tm 銩 Thulium [θjú:liəm]	70 Yb 鐿 Ytterbium [itɚ́:biəm]	71 Lu 鎦 Lutetium [lu:tí:ʃiəm]
95 Am 鋂 Americium [æmərísiəm]	96 Cm 鋦 Curium [kjúəriəm]	97 Bk 鉳 Berkelium [bəːkí:liəm]	98 Cf 鉲 Californium [kæ̀ləfɔ́ɚniəm]	99 Es 鑀 Einsteinium [ainstáiniəm]	100 Fm 鐨 Fermium [fɚ́miəm]	101 Md 鍆 Mendelevium [mèndəlí:viəm]	102 No 鍩 Nobelium [noubéliəm]	103 Lr 鐒 Lawrencium [lɔ:rénsiəm]

德語週期表

德語的重音基本上是在第1音節，有的外來語會不一樣。

本生

基爾霍夫
鉫、銫的發現者。

克拉普羅斯
鋯、鈰、鈾的發現者；
碲、鈦發現的確認者、命名者

諾達克
塔克
鍊的發現者

斯特羅邁爾
鎘的發現者

慕森貝格
鏾、鐒、鐽的發現者。

安布陸斯塔
安布陸斯塔與慕森貝格是重離子研究所的共同研究者。

西戈爾德·霍夫曼
1989年以後重離子研究所發現元素的負責人。
鐽、錀、鍅的發現者。

對鏾、鐒、鐽的發現有貢獻。

第1族		
1 **H** 氫 Wasserstoff [váserʃtɔf]		
鹼金屬		

第2族 鹼土金屬

3 **Li** 鋰 Lithium [líːtiɔm]	4 **Be** 鈹 Beryllium [bériliɔm]
11 **Na** 鈉 Natrium [nátriɔm]	12 **Mg** 鎂 Magnesium [magnéːziɔm]

第3族 鈧族	第4族 鈦族	第5族 釩族	第6族 鉻族	第7族 錳族	第8族	第9族
21 **Sc** 鈧 Scandium [skándiɔm]	22 **Ti** 鈦 Titan [titáːn]	23 **V** 釩 Vanadium [vanáːdiɔm] 或 Vanadin	24 **Cr** 鉻 Chrom [króːm]	25 **Mn** 錳 Mangan [maŋgáːn]	26 **Fe** 鐵 Eisen [áizn]	27 **Co** 鈷 Kobalt [kóːbalt]

19 **K** 鉀 Kalium [káːliɔm]	20 **Ca** 鈣 Kalzium [káltsiɔm] 或 Calzium					
37 **Rb** 銣 Rubidium [rubíːdiɔm]	38 **Sr** 鍶 Strontium [stróntsiɔm, ʃt-]	39 **Y** 釔 Yttrium [ýtriɔm]	40 **Zr** 鋯 Zirkonium [tsɪrkóːniɔm] 或 Zirconium	41 **Nb** 鈮 Niobium [nióːbiɔm] ※1	42 **Mo** 鉬 Molybdän [molypdéːn]	43 **Tc** 鎝 Technetium [tɛçnéːtsiɔm]	44 **Ru** 釕 Ruthenium [rutéːniɔm]	45 **Rh** 銠 Rhodium [róːdiɔm]
55 **Cs** 銫 Zäsium [tséːziɔm] 或 Cäsium,Caesium	56 **Ba** 鋇 Barium [báːriɔm]	鑭系元素	72 **Hf** 鉿 Hafnium [háfniɔm]	73 **Ta** 鉭 Tantal [tántal]	74 **W** 鎢 Wolfram [vólfram]	75 **Re** 錸 Rhenium [réniɔm]	76 **Os** 鋨 Osmium [ɔ́smiɔm]	77 **Ir** 銥 Iridium [iríːdiɔm]
87 **Fr** 鍅 Francium [frántsiɔm]	88 **Ra** 鐳 Radium [ráːdiɔm]	錒系元素	104 **Rf** 鑪 Rutherfordium [raðerfɔ́rdiɔm]	105 **Db** 𨧀 Dubnium [dúbniɔm]	106 **Sg** 饎 Seaborgium [siːbɔ́ːgiɔm]	107 **Bh** 𨨏 Bohrium [bóːriɔm]	108 **Hs** 𨭆 Hassium [hásiɔm]	109 **Mt** 䥑 Meitnerium [maitnéːriɔm]

漢恩
邁特納的共同研究者，鎂的發現者。

邁特納
當時稀有的猶太人女性物理學家，幫助鎂的發現，確立核分裂概念者。

※1
也可寫成 **Niob**。

鑭系元素	57 **La** 鑭 Lanthan [lantáːn]	58 **Ce** 鈰 Cer [tséːer]	59 **Pr** 鐠 Praseodym [prazeodýːm]	60 **Nd** 釹 Neodym [neodýːm]	61 **Pm** 鉕 Promethium [proméːtiɔm]	62 **Sm** 釤 Samarium [zamáːriɔm]
錒系元素	89 **Ac** 錒 Actinium [aktíniɔm] 或 Aktinium	90 **Th** 釷 Thorium [tóːriɔm]	91 **Pa** 鏷 Protaktinium [protaktíːniɔm] 或 Protactinium	92 **U** 鈾 Uran [uráːn]	93 **Np** 錼 Neptunium [neptúːniɔm]	94 **Pu** 鈽 Plutonium [plutóːuniɔm]

從中世紀煉金術時期發現的砷或磷為首，眾多元素是18～20世紀時由德國發現的。然而第二次世界大戰時，納粹從大學驅逐了猶太人，1/5的物理學教授被解僱，因此優秀的人才流亡到英美。戰後的德國開始核子物理學研究，晚了別人一步，不過由於重離子研究所登場，也陸續發現超鈾元素，重返發現元素的競爭。

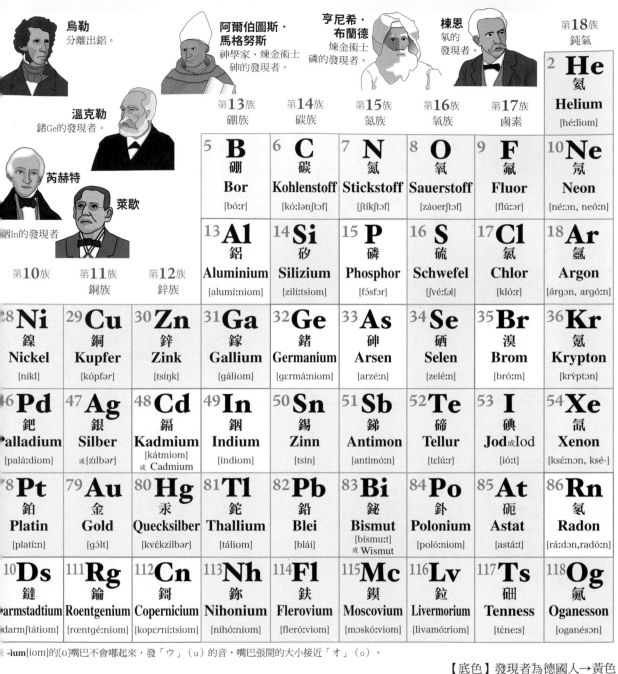

烏勒
分離出鋁。

阿爾伯圖斯·馬格努斯
神學家、煉金術士 砷的發現者。

亨尼希·布蘭德
煉金術士 磷的發現者。

棟恩
氪的發現者。

溫克勒
鍺Ge的發現者。

芮赫特
銦In的發現者

萊歇

第**10**族　　第**11**族 銅族　　第**12**族 鋅族

第**18**族 鈍氣

2 **He** 氦 Helium [hé:liɔm]	

第**13**族 硼族　第**14**族 碳族　第**15**族 氮族　第**16**族 氧族　第**17**族 鹵素

| 5 **B** 硼 Bor [bó:r] | 6 **C** 碳 Kohlenstoff [kó:lənʃtɔf] | 7 **N** 氮 Stickstoff [ʃtíkʃtɔf] | 8 **O** 氧 Sauerstoff [záuerʃtɔf] | 9 **F** 氟 Fluor [flú:ɔr] | 10 **Ne** 氖 Neon [né:ɔn, neó:n] |
| 13 **Al** 鋁 Aluminium [alumí:niɔm] | 14 **Si** 矽 Silizium [zilí:tsiɔm] | 15 **P** 磷 Phosphor [fósfɔr] | 16 **S** 硫 Schwefel [ʃvé:fəl] | 17 **Cl** 氯 Chlor [kló:r] | 18 **Ar** 氬 Argon [árgɔn, argó:n] |

28 **Ni** 鎳 Nickel [níkl]	29 **Cu** 銅 Kupfer [kópfər]	30 **Zn** 鋅 Zink [tsíŋk]	31 **Ga** 鎵 Gallium [gáliɔm]	32 **Ge** 鍺 Germanium [gɛrmá:niɔm]	33 **As** 砷 Arsen [arzé:n]	34 **Se** 硒 Selen [zelé:n]	35 **Br** 溴 Brom [bró:m]	36 **Kr** 氪 Krypton [krýptɔn]
46 **Pd** 鈀 Palladium [palá:diɔm]	47 **Ag** 銀 Silber 或 [zílbər]	48 **Cd** 鎘 Kadmium [kátmiɔm] 或 Cadmium	49 **In** 銦 Indium [índiɔm]	50 **Sn** 錫 Zinn [tsín]	51 **Sb** 銻 Antimon [antimó:n]	52 **Te** 碲 Tellur [telú:r]	53 **I** 碘 Jod或Iod [ió:t]	54 **Xe** 氙 Xenon [ksé:nɔn, ksé-]
78 **Pt** 鉑 Platin [platí:n]	79 **Au** 金 Gold [gólt]	80 **Hg** 汞 Quecksilber [kvékzilbər]	81 **Tl** 鉈 Thallium [táliɔm]	82 **Pb** 鉛 Blei [blái]	83 **Bi** 鉍 Bismut [bísmu:t] 或 Wismut	84 **Po** 釙 Polonium [poló:niɔm]	85 **At** 砈 Astat [astá:t]	86 **Rn** 氡 Radon [rá:dɔn,radó:n]
110 **Ds** 鐽 Darmstadtium [darmʃtátiɔm]	111 **Rg** 錀 Roentgenium [rœntgé:niɔm]	112 **Cn** 鎶 Copernicium [kopɛrní:tsiɔm]	113 **Nh** 鉨 Nihonium [nihó:niɔm]	114 **Fl** 鈇 Flerovium [fleró:viɔm]	115 **Mc** 鏌 Moscovium [mɔskó:viɔm]	116 **Lv** 鉝 Livermorium [livamó:riɔm]	117 **Ts** 鿬 Tenness [téne:s]	118 **Og** 鿫 Oganesson [oganésɔn]

-ium[iɔm]的[ʊ]嘴巴不會嘟起來，發「ㄨ」（u）的音，嘴巴張開的大小接近「ㄛ」（o）。

【底色】發現者為德國人→黃色

| 63 **Eu** 銪 Europium [ɔyró:piɔm] | 64 **Gd** 釓 Gadolium [gadolí:niɔm] | 65 **Tb** 鋱 Terbium [térbiɔm] | 66 **Dy** 鏑 Dysprosium [dyspró:ziɔm] | 67 **Ho** 鈥 Holmium [hólmiɔm] | 68 **Er** 鉺 Erbium [érbiɔm] | 69 **Tm** 銩 Thulium [tú:liɔm] | 70 **Yb** 鐿 Ytterbium [ytérbiɔm] | 71 **Lu** 鎦 Lutetium [luté:tsiɔm] |
| 95 **Am** 鋂 Amerizium [amerí:tsiɔm] | 96 **Cm** 鋦 Curium [kú:riɔm] | 97 **Bk** 鉳 Berkelium [bɛrké:liɔm] | 98 **Cf** 鉲 Californium [kalifórniɔm] | 99 **Es** 鑀 Einsteinium [ainʃtáiniɔm] | 100 **Fm** 鐨 Fermium [férmiɔm] | 101 **Md** 鍆 Mendelevium [mɛndəlé:viɔm] | 102 **No** 鍩 Nobelium [nobé:liɔm] | 103 **Lr** 鐒 Lawrencium [loréntsiɔm] |

荷蘭語週期表

儘管荷蘭是個小國，但17世紀左右，荷蘭在貿易、產業、軍事、藝術還有科學領域都可說是世界頂尖的國家。

荷蘭的東印度公司在全世界開展貿易，是當時世界上最大規模的民間公司。到了18世紀，英法興起，荷蘭的國力逐漸衰退。假設荷蘭在產業及科學方面再持續繁榮100年，絕對會出現許多成功發現元素的科學家。

荷蘭也透過出島在日本鎖國期間進行貿易，而歐洲的化學是為「蘭學」，於江戶代時傳入日本。有「日本化學之父」美稱的宇田川榕菴翻譯了英國化學家威廉・亨利於1799年出版的荷語版《Elements of Experimental Chemistry》，出版日本第一本化學書《舍密開宗》（天保8年，1837年起發行）。眾多科學用詞加上氧、氫及氮的元素名稱都是榕菴翻譯的，他絕對懂這邊列出的荷蘭語元素名稱。

第1族		
1 **H** 氫 Waterstof [ʋɑtərstɔf]		

※1 Titan 或 Titanium 亦可。

第2族 鹼土金屬

鹼金屬

3 **Li** 鋰 Lithium [litiɣm]	4 **Be** 鈹 Beryllium [berlijɣm]
11 **Na** 鈉 Natrium [natriɣm]	12 **Mg** 鎂 Magnesium [mɑxnesiɣm]

第3族 鈧族	第4族 鈦族	第5族 釩族	第6族 鉻族	第7族 錳族	第8族	第9族
21 **Sc** 鈧 Scandium [skandiɣm]	22 **Ti** 鈦 ※1 Titan [titɑn]	23 **V** 釩 Vanadium [vɑnɑdiɣm]	24 **Cr** 鉻 Chroom [xroːm]	25 **Mn** 錳 Mangaan [mɑnɣaːn]	26 **Fe** 鐵 Ijzer [ɛizər]	27 **Co** 鈷 Kobalt [kobɔlt]

19 **K** 鉀 Kalium [kɑliɣm]	20 **Ca** 鈣 Calcium [kɑlsiɣm]
37 **Rb** 銣 Rubidium [rubidiɣm]	38 **Sr** 鍶 Strontium [strɔntsiɣm]
55 **Cs** 銫 Cesium [sesiɣm]	56 **Ba** 鋇 Barium [bariɣm]
87 **Fr** 鍅 Francium [frɑnsiɣm]	88 **Ra** 鐳 Radium [rɑdiɣm]

39 **Y** 釔 Yttrium [jtriɣm]	40 **Zr** 鋯 Zirkonium [zirkoniɣm]	41 **Nb** 鈮 Niobium [nijobiɣm]	42 **Mo** 鉬 Molybdeen [moljbdeːn]	43 **Tc** 鎝 Technetium [teknetiɣm]	44 **Ru** 釕 Ruthenium [ruteniɣm]	45 **Rh** 銠 Rodium [rodiɣm]
鑭系元素	72 **Hf** 鉿 Hafnium [hɑfniɣm]	73 **Ta** 鉭 Tantalium ※3 [tɑntɑliɣm]	74 **W** 鎢 Wolfraam [ʋɔlfrɑm]	75 **Re** 錸 Renium [reniɣm]	76 **Os** 鋨 Osmium [ɔsmiɣm]	77 **Ir** 銥 Iridium [iridiɣm]
錒系元素	104 **Rf** 鑪 Rutherfordium [ruterfordiɣm]	105 **Db** 𨧀 Dubnium [dubniɣm]	106 **Sg** 𨭎 Seaborgium [seɑborxiɣm]	107 **Bh** 𨨏 Bohrium [boriɣm]	108 **Hs** 𨭆 Hassium [hɑsiɣm]	109 **Mt** 䥑 Meitnerium [meitneriɣm]

※3 也可寫成 Tantaal。

※2 也可寫成 Lanthanium。

鑭系元素	57 **La** 鑭 ※2 Lanthaan [lɑntaːn]	58 **Ce** 鈰 Cerium [seriɣm]	59 **Pr** 鐠 Praseodymium [prɑzejodimiʝɣm]	60 **Nd** 釹 Neodymium [neodjmiɣm]	61 **Pm** 鉕 Promethium [prometiɣm]	62 **Sm** 釤 Samarium [sɑmariɣm]
錒系元素	89 **Ac** 錒 Actinium [aktiniɣm]	90 **Th** 釷 Thorium [toriɣm]	91 **Pa** 鏷 Protactinium [protaktiniɣm]	92 **U** 鈾 Uranium [ɣraniɣm]	93 **Np** 錼 Neptunium [neptuniɣm]	94 **Pu** 鈽 Plutonium [plutoniɣm]

迪克・科斯特
荷蘭物理學家，
鉿的發現者。

104

荷蘭位於德國與英國中間，從語言方面來看也像是德語及英語中間的存在。荷蘭語的特徵為一個長母音會用兩個相同的母音來標示，這很容易理解，比方說硼是Boor、鎢寫作Wolfraam。u的發音稍微接近i，是德語ü的發音，需多注意。

荷蘭語元素名稱源自希臘語，經由拉丁語傳入者，[k]的音會用C表示（例如Calcium、Cadmium），而源自日耳曼語的元素名稱則不用C，是寫成K（例如Kobalt、Nikkel）。銅的荷蘭語為Koper，比現代英語Copper更接近古英語的Coper。

在荷蘭唸成コウペル在比利時則唸成コーペル。

u[y:]的音接近嘟起嘴唇發「イー」（i）的音，介於「イー」與「ウー」（u）中間，也是德語長音ü的發音。

u[ʏ]是比[y]略為和緩的音，也是德語短音ü的發音。

第18族
鈍氣

					2 **He** 氦 Helium [heliʏm]
第13族 硼族	第14族 碳族	第15族 氮族	第16族 氧族	第17族 鹵素	
5 **B** 硼 Boor [bor]	6 **C** 碳 Koolstof [kolstɔf]	7 **N** 氮 Stikstof [stikstɔf]	8 **O** 氧 Zuurstof [zy:rstɔf]	9 **F** 氟 Fluor [flyɔr]	10 **Ne** 氖 Neon [neɔn]
13 **Al** 鋁 Aluminium [alyminijʏm]	14 **Si** 矽 Silicium [silitsiʏm]	15 **P** 磷 Fosfor [fɔsfɔr]	16 **S** 硫 Zwavel [zʋɑvəl]	17 **Cl** 氯 Chloor [xlo:r]	18 **Ar** 氬 Argon [arɣɔn]

第10族 第11族 銅族 第12族 鋅族

28 **Ni** 鎳 Nikkel [nikəl]	29 **Cu** 銅 Koper [koʊpər]	30 **Zn** 鋅 Zink [ziŋk]	31 **Ga** 鎵 Gallium [ɣaliʏm]	32 **Ge** 鍺 Germanium [xermaniʏm]	33 **As** 砷 Arseen [arse:n]	34 **Se** 硒 Seleen [sele:n]	35 **Br** 溴 Broom [bro:m]	36 **Kr** 氪 Krypton [krɪptɔn]
46 **Pd** 鈀 Palladium [palɑdiʏm]	47 **Ag** 銀 Zilver [zilvər]	48 **Cd** 鎘 Cadmium [katmiʏm]	49 **In** 銦 Indium [indiʏm]	50 **Sn** 錫 Tin [tin]	51 **Sb** 銻 Antimoon [antimo:n]	52 **Te** 碲 Telluur [tely:r]	53 **I** 碘 Jodium [jodiʏm]	54 **Xe** 氙 Xenon [ksenɔn]
78 **Pt** 鉑 Platina [platinɑ]	79 **Au** 金 Goud [ɣʌʊt]	80 **Hg** 汞 Kwik [kvik]	81 **Tl** 鉈 Thallium [taliʏm]	82 **Pb** 鉛 Lood [lot]	83 **Bi** 鉍 Bismut [bismut]	84 **Po** 釙 Polonium [poloniʏm]	85 **At** 砈 Astatium [astatiʏm]	86 **Rn** 氡 Radon [rɑdɔn]
110 **Ds** 鐽 Darmstadtium [darmstadtiʏm]	111 **Rg** 錀 Roentgenium※4 [roentxeniʏm]	112 **Cn** 鎶 Copernicium [kopernisiʏm]	113 **Nh** 鉨 Nihonium [nihoniʏm]	114 **Fl** 鈇 Flerovium [fleroviʏm]	115 **Mc** 鏌 Moscovium [moskoviʏm]	116 **Lv** 鉝 Livermorium [livərmoriʏm]	117 **Ts** 鿬 Tennessine [tenesine]	118 **Og** 鿫 Oganesson [oɣanesɔn]

※4 也可寫成Röntgenium。

Eu[ø]的音接近「オ」（o）的唇形，發「エ」（e）的音，類似介於「オ」與欸「エ」中間。

63 **Eu** 銪 Europium [ø:ropiʏm]	64 **Gd** 釓 Gadolinium [ɣadolinijʏm]	65 **Tb** 鋱 Terbium [terbiʏm]	66 **Dy** 鏑 Dysprosium [djsprosiʏm]	67 **Ho** 鈥 Holmium [holmiʏm]	68 **Er** 鉺 Erbium [erbiʏm]	69 **Tm** 銩 Thulium [tuliʏm]	70 **Yb** 鐿 Ytterbium [iterbiʏm]	71 **Lu** 鎦 Lutetium [lutetiʏm]
95 **Am** 鋂 Americium [amerisiʏm]	96 **Cm** 鋦 Curium [kuriʏm]	97 **Bk** 鉳 Berkelium [berkeliʏm]	98 **Cf** 鉲 Californium [kaliforniʏm]	99 **Es** 鑀 Einsteinium [ɛinstɛiniʏm]	100 **Fm** 鐨 Fermium [fermiʏm]	101 **Md** 鍆 Mendelevium [mɛndeleviʏm]	102 **No** 鍩 Nobelium [nobeliʏm]	103 **Lr** 鐒 Lawrencium [lavrensiʏm]

瑞典語週期表

18世紀是瑞典在科學上的黃金時代，又以謝勒發現了最多的元素。

阿爾韋德松
鋰的發現者。

賽夫斯特倫
貝吉里斯的弟子，釩的發現者。

甘恩
瑞典化學家、礦物學家、礦山技師。錳的發現者，與貝吉里斯共同設立硫酸工廠。

加多林
芬蘭化學家，釔的發現者。

尼爾森
鈧的發現者。

埃克伯格
鉭的發現者。

葉爾姆
鉬的發現者。

伊奧利布朗特
化學家、礦物學家，鈷的發現者。

第1族

1 **H** 氫 Väte [vɛ̀:tə]

鹼金屬

第2族 鹼土金屬

3 **Li** 鋰 Litium [lí:tsium]	4 **Be** 鈹 Beryllium [bɛrýlium]
11 **Na** 鈉 Natrium [ná:trium]	12 **Mg** 鎂 Magnesium [maŋŋé:sium]

第3族 鈧族	第4族 鈦族	第5族 釩族	第6族 鉻族	第7族 錳族	第8族	第9族

19 **K** 鉀 Kalium [ká:lium]	20 **Ca** 鈣 Kalcium [kálsium]	21 **Sc** 鈧 Skandium [skándium]	22 **Ti** 鈦 Titan [titá:n]	23 **V** 釩 Vanadin [vaná:din]	24 **Cr** 鉻 Krom [kró:m]	25 **Mn** 錳 Mangan [maŋŋá:n]	26 **Fe** 鐵 Järn [jé:n]	27 **Co** 鈷 Kobolt [kú:bolt]
37 **Rb** 銣 Rubidium [rubí:dium]	38 **Sr** 鍶 Strontium [stróntsium]	39 **Y** 釔 Yttrium [ýtrium]	40 **Zr** 鋯 Zirkonium [sirkó:nium]	41 **Nb** 鈮 Niob [nió:b]	42 **Mo** 鉬 Molybden [molybdé:n]	43 **Tc** 鎝 Teknetium [tekné:tium]	44 **Ru** 釕 Rutenium [ruté:nium]	45 **Rh** 銠 Rodium [ró:dium]
55 **Cs** 銫 Cesium [sé:sium]	56 **Ba** 鋇 Barium [bárium]	鑭系元素	72 **Hf** 鉿 Hafnium [háfnium]	73 **Ta** 鉭 Tantal [tántal]	74 **W** 鎢 Volfram [vólfram]	75 **Re** 錸 Rhenium [ré:nium]	76 **Os** 鋨 Osmium [ósmium]	77 **Ir** 銥 Iridium [irí:dium]
87 **Fr** 鍅 Francium [fránsium]	88 **Ra** 鐳 Radium [rá:dium]	錒系元素	104 **Rf** 鑪 Rutherfordium [ru:tərfu:dium]	105 **Db** 𨧀 Dubnium [dubnium]	106 **Sg** 𨭎 Seaborgium [se:aborjium]	107 **Bh** 䥑 Bohrium [bo:rium]	108 **Hs** 𨭆 Hassium [hasium]	109 **Mt** 䥑 Meitnerium [meitne:rium]

莫桑德
鑭、鋱、鉺的發現者。

佩爾·克利弗
鈦、鈰的發現者。

海辛格
與貝吉里斯共同發現鈰。

鑭系元素	57 **La** 鑭 Lantan [lantá:n]	58 **Ce** 鈰 Cerium [sé:rium]	59 **Pr** 鐠 Praseodym [praseodý:m]	60 **Nd** 釹 Neodym [né:ody:m]	61 **Pm** 鉅 Prometium [promé:tium]	62 **Sm** 釤 Samarium [samá:rium]
錒系元素	89 **Ac** 錒 Aktinium [aktí:nium]	90 **Th** 釷 Torium [tú:rium]	91 **Pa** 鏷 Protaktinium [protaktí:nium]	92 **U** 鈾 Uran [u:rá:n]	93 **Np** 錼 Neptunium [neptú:nium]	94 **Pu** 鈽 Plutonium [plutó:nium]

瑞典語屬於日耳曼語派的北日耳曼語群，很類似西日耳曼語群的德語或英語，跟德語同樣是重音在第1音節。瑞典語中有許多日本人難以想像的發音，比方說化學家拉斯・尼爾森（Lars Nilson），Lars的rs發音為「シュ」（shu）；彼得・葉爾姆（Peter Hjelm）的hje發音為「イエ」（ie）。

奧吉里斯
發現矽、硒、鈰、鈦，分離出鉭、鋯，也是釷的命名者。
是最早出現現今元素符號的人。

瑞典化學家、藥學家，明明是最早發現氧的人，發表卻晚別人一步。氯、錳、鉬的發現者，此外也發現了氨、乳酸、甘油、尿酸、檸檬酸、氟化氫、氰酸等物。

謝勒

※1 也可寫成 Nitrogen。
※2 也可寫成 Oxygen。
※3 -ium[ium]的[u]是不要嘟起嘴巴，發「ウ」（u）的音。

克龍斯泰特
鎳的發現者。
日語除了クルーンステット也有人寫成クロンステット、クルンステット。

第10族	第11族 銅族	第12族 鋅族	第13族 硼族	第14族 碳族	第15族 氮族	第16族 氧族	第17族 鹵素	第18族 鈍氣
								2 **He** 氦 Helium [hé:lium]※3
			5 **B** 硼 Bor [bó:r]	6 **C** 碳 Kol [kó:l]	7 **N** 氮 Kväve※1 [kvé:və]	8 **O** 氧 Syre※2 [sý:rə]	9 **F** 氟 Fluor [fluó:r]	10 **Ne** 氖 Neon [nεón]
			13 **Al** 鋁 Aluminium [alɯ:mí:nium]	14 **Si** 矽 Kisel [cí:səl]	15 **P** 磷 Fosfor [fósfor]	16 **S** 硫 Svavel [svá:vəl]	17 **Cl** 氯 Klor [kló:r]	18 **Ar** 氬 Argon [argó:n]
28 **Ni** 鎳 Nickel [níkə:l]	29 **Cu** 銅 Koppar [kóp:ar]	30 **Zn** 鋅 Zink [síŋk]	31 **Ga** 鎵 Gallium [gálium]	32 **Ge** 鍺 Germanium [jɛrmá:nium]	33 **As** 砷 Arsenik [asení:k]	34 **Se** 硒 Selen [sɛlé:n]	35 **Br** 溴 Brom [bró:m]	36 **Kr** 氪 Krypton [kryptó:n]
46 **Pd** 鈀 Palladium [palɑ:dium]	47 **Ag** 銀 Silver [sílvɛr]	48 **Cd** 鎘 Kadmium [kadmium]	49 **In** 銦 Indium [indium]	50 **Sn** 錫 Tenn [ten]	51 **Sb** 銻 Antimon [antimu:n]	52 **Te** 碲 Tellur [telər]	53 **I** 碘 Jod [jod]	54 **Xe** 氙 Xenon [kseno:n]
78 **Pt** 鉑 Platina [plɑ:tina]	79 **Au** 金 Guld [gɯld]	80 **Hg** 汞 Kvicksilver [kviksílvɛr]	81 **Tl** 鉈 Tallium [talium]	82 **Pb** 鉛 Bly [bly:]	83 **Bi** 鉍 Vismut [vismɯt]	84 **Po** 釙 Polonium [polo:nium]	85 **At** 砈 Astat [asta:t]	86 **Rn** 氡 Radon [rado:n]
110 **Ds** 鐽 Darmstadtium [darmsta:tiɯm]	111 **Rg** 錀 Röntgenium [roentgənium]	112 **Cn** 鎶 Copernicium [kopɛnisium]	113 **Nh** 鉨 Nihonium [nihonium]	114 **Fl** 鈇 Flerovium [fle:rovium]	115 **Mc** 鏌 Moskovium [mosku:vium]	116 **Lv** 鉝 Livermorium [livermu:(mo:)rium]	117 **Ts** 础 Tenness [tene:s]	118 **Og** 鿫 Oganesson [oganeso:n]

【底色】發現者是瑞典人→藍色，芬蘭人→淺藍色

| 63 **Eu** 銪 Europium [εrú:pium] | 64 **Gd** 釓 Gadolinium [gadolí:nium] | 65 **Tb** 鋱 Terbium [térbium] | 66 **Dy** 鏑 Dysprosium [dispró:sium] | 67 **Ho** 鈥 Holmium [hólmium] | 68 **Er** 鉺 Erbium [érbium] | 69 **Tm** 銩 Tulium [tú:lium] | 70 **Yb** 鐿 Ytterbium [ytérbium] | 71 **Lu** 鎦 Lutetium [luté:tium] |
| 95 **Am** 鎇 Americium [amerí:sium] | 96 **Cm** 鋦 Curium [kú:rium] | 97 **Bk** 銤 Berkelium [berké:lium] | 98 **Cf** 鉲 Californium [califó:rnium] | 99 **Es** 鑀 Einsteinium [ajnstájnium] | 100 **Fm** 鐨 Fermium [férmium] | 101 **Md** 鍆 Mendelevium [mendelé:vium] | 102 **No** 鍩 Nobelium [nobé:lium] | 103 **Lr** 鐒 Lawrencium [lavrénsium] |

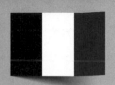

法語週期表

法國雖然經歷1789年的法國大革命、拿破崙戰爭及二月革命這段動盪的時期，但期間仍舊發現了許多元素。

拉瓦節
近代化學的創立者，
氧的命名者，
也可說是氧的發現者。

皮耶·居禮與瑪麗·居禮
鐳、釙的發現者，
瑪麗·居禮的祖國波蘭被用來命名釙。

【底色】
法國人的
・發現者→粉紅色
・命名者→淡粉紅色

沃克蘭
鈹、鉻的發現者。

德馬賽
銪的發現者，
用光譜儀確認了居禮伉儷發現的
鐳、釙之存在。

第1族	第2族							
1 **H** 氫 Hydrogène [idrɔʒɛn] 鹼金屬								
3 **Li** 鋰 Lithium [litjɔm]	4 **Be** 鈹 Béryllium [beliljɔm] 別名：Glucinium [glysinjɔm]							
11 **Na** 鈉 Sodium [sɔdjɔm]	12 **Mg** 鎂 Magnésium [maɲezjɔm]	第3族 釩族	第4族 鈦族	第5族 釩族	第6族 鉻族	第7族 錳族	第8族	第9族
19 **K** 鉀 Potassium [pɔtasjɔm]	20 **Ca** 鈣 Calcium [kalsjɔm]	21 **Sc** 鈧 Scandium [skɑ̃djɔm]	22 **Ti** 鈦 Titane [titan]	23 **V** 釩 Vanadium [vanadjɔm]	24 **Cr** 鉻 Chrome [krom]	25 **Mn** 錳 Manganèse [mɑ̃gəniːz]	26 **Fe** 鐵 Fer [fɛr]	27 **Co** 鈷 Cobalt [kɔbalt]
37 **Rb** 銣 Rubidium [rybidjɔm]	38 **Sr** 鍶 Strontium [strɔ̃sjɔm]	39 **Y** 釔 Yttrium [itrijɔm]	40 **Zr** 鋯 Zirkonium [zirkɔnjɔm]	41 **Nb** 鈮 Niobium [njɔbjɔm]	42 **Mo** 鉬 Molybdéne [mɔlibdɛn]	43 **Tc** 鎝 Technétium [tɛknetjɔm]	44 **Ru** 釕 Ruthénium [rytenjɔm]	45 **Rh** 銠 Rhodium [rɔdjɔm]
55 **Cs** 銫 ※1 Cæsium [sezjɔm]	56 **Ba** 鋇 Baryum [barjɔm]	鑭系元素	72 **Hf** 鉿 Hafnium [afnjɔm]	73 **Ta** 鉭 Tantale [tɑ̃tal]	74 **W** 鎢 Tungstène [tɔ̃kstɛn]	75 **Re** 錸 Rhénium [renjɔm]	76 **Os** 鋨 Osmium [ɔsmjɔm]	77 **Ir** 銥 Iridium [iridjɔm]
87 **Fr** 鍅 Francium [frɑ̃sjɔm]	88 **Ra** 鐳 Radium [radjɔm]	錒系元素	104 **Rf** 鑪 Rutherfordium [rytɛrfɔrdjɔm]	105 **Db** 𨧀 Dubnium [dybnjɔm]	106 **Sg** 𨭎 Seaborgium [sibɔrgjɔm]	107 **Bh** 𨨏 Bohrium [bɔrjɔm]	108 **Hs** 𨭆 Hassium [asjɔm]	109 **Mt** 䥑 Meitnérium [mɛtnerjɔm]

※1 也可寫成Césium

佩雷
瑪麗·居禮的助手，
鍅的發現者，
以法國國名取名為鍅。

德比恩
錒的發現者。

鑭系元素	57 **La** 鑭 Lanthane [lɑ̃tan]	58 **Ce** 鈰 Cérium [serjɔm]	59 **Pr** 鐠 Praséodyme [prazeɔdim]	60 **Nd** 釹 Néodyme [neɔdim]	61 **Pm** 鉕 Prométhéum [prɔmeteɔm]	62 **Sm** 釤 Samarium [samarjɔm]
錒系元素	89 **Ac** 錒 Actinium [aktinjɔm]	90 **Th** 釷 Thorium [tɔrjɔm]	91 **Pa** 鏷 Protactinium [prɔtaktinjɔm]	92 **U** 鈾 Uranium [yranjɔm]	93 **Np** 錼 Neptunium [nɛptynjɔm]	94 **Pu** 鈽 Plutonium [plytɔnjɔm]

被稱為「近代化學之父」的拉瓦節於1789年著有可說是化學始祖的《化學原論》，然而同年由於進攻巴士底獄爆發法國大革命（拉瓦節自己也在1794年時上了斷頭台）。其後法國伴隨著產業發展，化學領域也有長足的進步，留下發現鹵素元素、稀土類、放射性元素的重大貢獻。

布瓦伯德朗
鉀、銫、鏑的發現者，發現鎵時主張將之歸為鈍氣類。

巴拉爾
溴的發現者。
第13族 硼族

庫爾圖瓦
碘的發現者。
第14族 碳族

第15族 氮族

莫瓦桑
氟的分離者。
第16族 氧族

第17族 鹵素

第18族 鈍氣

					2 **He** 氦 Hélium [eljɔm]

於爾班
鑥的發現者。

給呂薩克
硼的發現者。

第10族

第11族 銅族

第12族 鋅族

5 **B** 硼 Bore [bɔre]	6 **C** 碳 Carbone [karbɔn]	7 **N** 氮 Azote [azɔt]	8 **O** 氧 Oxygène [ɔksiʒɛn]	9 **F** 氟 Fluor [flyɔr]	10 **Ne** 氖 Neon [neɔ̃]
13 **Al** 鋁 Aluminium [alyminjɔm]	14 **Si** 矽 Silicium [silisjɔm]	15 **P** 磷 Phosphore [fɔsfɔːr]	16 **S** 硫 Soufre [sufr]	17 **Cl** 氯 Chlore [klɔr]	18 **Ar** 氬 Argon [argɔ̃]
28 **Ni** 鎳 Nickel [nikɛl]	29 **Cu** 銅 Cuivre [kɥiːvr]	30 **Zn** 鋅 Zinc [zɛ̃g]	31 **Ga** 鎵 Gallium [galjɔm]	32 **Ge** 鍺 Germanium [ʒɛrmanjɔm]	33 **As** 砷 Arsenic [arsənik]	34 **Se** 硒 Sélénium [selenjɔm]	35 **Br** 溴 Brome [broːm]	36 **Kr** 氪 Krypton [kriptɔ̃]
46 **Pd** 鈀 Palladium [paladjɔm]	47 **Ag** 銀 Argent [arʒɑ̃]	48 **Cd** 鎘 Cadmium [kadmjɔm]	49 **In** 銦 Indium [ɛ̃djɔm]	50 **Sn** 錫 Étain [etɛ̃]	51 **Sb** 銻 Antimoine [ɑ̃timwan]	52 **Te** 碲 Tellure [tɛlyr]	53 **I** 碘 Iode [jɔd]	54 **Xe** 氙 Xénon [ksenɔ̃]
78 **Pt** 鉑 Platine [platin]	79 **Au** 金 Or [ɔr]	80 **Hg** 汞 Mercure [mɛrkyːr]	81 **Tl** 鉈 Thallium [taljɔm]	82 **Pb** 鉛 Plomb [plɔ̃]	83 **Bi** 鉍 Bismuth [bismyt]	84 **Po** 釙 Polonium [pɔlɔnjɔm]	85 **At** 砈 Astate [astat]	86 **Rn** 氡 Radon [radɔ̃]
110 **Ds** 鐽 Darmstadtium [darmʃtatjɔm]	111 **Rg** 錀 Roentgenium [rœntgenjɔm]	112 **Cn** 鎶 Copernicium [kɔpernisjɔm]	113 **Nh** 鉨 Nihonium [niɔnjɔm]	114 **Fl** 鈇 Flérovium [flerɔvjɔm]	115 **Mc** 鏌 Moscovium [mɔskɔvjɔm]	116 **Lv** 鉝 Livermorium [livɛrmɔrjɔm]	117 **Ts** 硱 Tennesse [tɛnɛs]	118 **Og** 𭂳 Oganesson [ɔganɛsɔ̃]

63 **Eu** 銪 Europium [ørɔpjɔm]	64 **Gd** 釓 Gadolinium [gadɔlinjɔm]	65 **Tb** 鋱 Terbium [tɛrbjɔm]	66 **Dy** 鏑 Dysprosium [disprozjɔm]	67 **Ho** 鈥 Holmium [ɔlmjɔm]	68 **Er** 鉺 Erbium [ɛrbjɔm]	69 **Tm** 銩 Thulium [tyljɔm]	70 **Yb** 鐿 Ytterbium [itɛrbjɔm]	71 **Lu** 鎦 Lutécium [lytesjɔm]
95 **Am** 鋂 Américium [amerisjɔm]	96 **Cm** 鋦 Curium [kyrjɔm]	97 **Bk** 鉳 Berkelium [bɛrkeljɔm]	98 **Cf** 鉲 Californium [kalifɔrnjɔm]	99 **Es** 鑀 Einsteinium [ɛnstenjɔm]	100 **Fm** 鐨 Fermium [fɛrmjɔm]	101 **Md** 鍆 Mendelevium [mẽdelevjɔm]	102 **No** 鍩 Nobélium [nɔbeljɔm]	103 **Lr** 鐒 Lawrencium [lɔrɑ̃sjɔm]

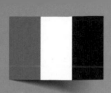

義大利語週期表

14～16世紀文藝復興時期，義大利在政治、產業、藝術以及科學領域皆為歐洲重鎮。

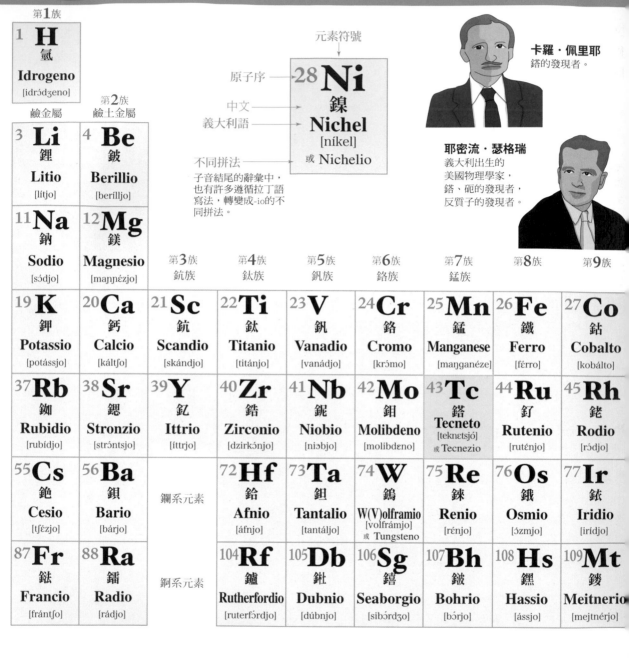

元素符號

原子序 → 28 **Ni** 鎳 **Nichel** [níkel] 或 Nichelio

中文
義大利語

不同拼法 —
子音結尾的辭彙中，也有許多遵循拉丁語寫法，轉變成-io的不同拼法。

卡羅・佩里耶
鎝的發現者。

耶密流・瑟格瑞
義大利出生的美國物理學家，鎝、砈的發現者，反質子的發現者。

第1族

1 **H** 氫 **Idrogeno** [idródʒeno]

鹼金屬　第2族 鹼土金屬

3 **Li** 鋰 **Litio** [lítjo]	4 **Be** 鈹 **Berillio** [beríljo]
11 **Na** 鈉 **Sodio** [sódjo]	12 **Mg** 鎂 **Magnesio** [maɲɲézjo]

第3族 鈧族　第4族 鈦族　第5族 釩族　第6族 鉻族　第7族 錳族　第8族　第9族

19 **K** 鉀 **Potassio** [potássjo]	20 **Ca** 鈣 **Calcio** [káltʃo]	21 **Sc** 鈧 **Scandio** [skándjo]	22 **Ti** 鈦 **Titanio** [titánjo]	23 **V** 釩 **Vanadio** [vanádjo]	24 **Cr** 鉻 **Cromo** [krómo]	25 **Mn** 錳 **Manganese** [maŋganéze]	26 **Fe** 鐵 **Ferro** [férro]	27 **Co** 鈷 **Cobalto** [kobálto]
37 **Rb** 銣 **Rubidio** [rubídjo]	38 **Sr** 鍶 **Stronzio** [stróntsjo]	39 **Y** 釔 **Ittrio** [íttrjo]	40 **Zr** 鋯 **Zirconio** [dzirkónjo]	41 **Nb** 鈮 **Niobio** [niɔbjo]	42 **Mo** 鉬 **Molibdeno** [molibdɛno]	43 **Tc** 鎝 **Tecneto** [teknɛtsjó] 或 Tecnezio	44 **Ru** 釕 **Rutenio** [ruténjo]	45 **Rh** 銠 **Rodio** [ródjo]
55 **Cs** 銫 **Cesio** [tʃézjo]	56 **Ba** 鋇 **Bario** [bárjo]	鑭系元素	72 **Hf** 鉿 **Afnio** [áfnjo]	73 **Ta** 鉭 **Tantalio** [tantáljo]	74 **W** 鎢 **W(V)olframio** [volfrámjo] 或 Tungsteno	75 **Re** 錸 **Renio** [rénjo]	76 **Os** 鋨 **Osmio** [ɔzmjo]	77 **Ir** 銥 **Iridio** [irídjo]
87 **Fr** 鍅 **Francio** [frántʃo]	88 **Ra** 鐳 **Radio** [rádjo]	錒系元素	104 **Rf** 鑪 **Rutherfordio** [ruterfórdjo]	105 **Db** 𨧀 **Dubnio** [dúbnjo]	106 **Sg** 𨭎 **Seaborgio** [sibórdʒo]	107 **Bh** 𨨏 **Bohrio** [bórjo]	108 **Hs** 𨭆 **Hassio** [ássjo]	109 **Mt** 䥑 **Meitnerio** [mejtnérjo]

【底色】
發現者為義大利人→綠色

	57 **La** 鑭 **Lantanio** [lantánjo]	58 **Ce** 鈰 **Cerio** [tʃérjo]	59 **Pr** 鐠 **Praseodimio** [prazeódimjo]	60 **Nd** 釹 **Neodimio** [neódimjo]	61 **Pm** 鉕 **Prometio** [promɛtsjo] 或 Promezio	62 **Sm** 釤 **Samario** [samárjo]
鑭系元素						
錒系元素	89 **Ac** 錒 **Attinio** [attínjo]	90 **Th** 釷 **Torio** [tórjo]	91 **Pa** 鏷 **Protoattinio** [protoattínjo]	92 **U** 鈾 **Uranio** [uránjo]	93 **Np** 錼 **Nettunio** [nettúnjo]	94 **Pu** 鈽 **Plutonio** [plutónjo]

義大利語是衍生自拉丁語的語言之一，很類似拉丁語，兩者語詞的字尾都有規則性變化。比方說，拉丁語中用於元素名稱的中性名詞字尾-ium，到了義大利語全部變成-io（拉丁語的中性名詞在義大利語中變成陽性名詞，義大利語沒有中性名詞）。

文藝復興時期，義大利以伽利略‧伽利萊為首，優秀的物理學家、科學家輩出。然而，從煉金術推移到近代化學的時代後，當時身為落後國家的英國、法國、德國以及瑞典發展漸漸強盛，開始由這些國家的化學家發現元素。

義大利語的元素名稱幾乎只有改變拉丁語的字尾而已，僅有**銅**是**Rame**，與拉丁語的cuprum完全不同。這個詞源自古典拉丁語aes或aeris（銅、青銅、黃銅、金屬），到了後期拉丁語時加上第3變格的中性名詞字尾-men，變成aeramen，最終省略前半部，從arame變成rame。

第10族	第11族 銅族	第12族 鋅族	第13族 硼族	第14族 碳族	第15族 氮族	第16族 氧族	第17族 鹵素	第18族 鈍氣
								2 **He** 氦 Elio [éljo]
			5 **B** 硼 Boro [bóro]	6 **C** 碳 Carbonio [karbónjo]	7 **N** 氮 Azoto [adzóto]	8 **O** 氧 Ossigeno [ossídʒeno]	9 **F** 氟 Fluoro [fluóro]	10 **Ne** 氖 Neo [néo] 或 Neon
			13 **Al** 鋁 Alluminio [allumínjo]	14 **Si** 矽 Silicio [silítʃo]	15 **P** 磷 Fosforo [fósforo]	16 **S** 硫 Zolfo [tsólfo,dzo-] 或 Solfo	17 **Cl** 氯 Cloro [klóro]	18 **Ar** 氬 Argo [árgo] 或 Argon
8 **Ni** 鎳 Níquel [níkel]	29 **Cu** 銅 Rame [ráme]	30 **Zn** 鋅 Zinco [dzínko]	31 **Ga** 鎵 Gallio [gálljo]	32 **Ge** 鍺 Germanio [dʒermánjo]	33 **As** 砷 Arsenico [arséniko]	34 **Se** 硒 Selenio [selénjo]	35 **Br** 溴 Bromo [brómo]	36 **Kr** 氪 Cripto [krípto] 或 Kripto Kripton
46 **Pd** 鈀 Palladio [palládjo]	47 **Ag** 銀 Argento [ardʒénto]	48 **Cd** 鎘 Cadmio [kádmjo]	49 **In** 銦 Indio [índjo]	50 **Sn** 錫 Stagno [stáɲɲo]	51 **Sb** 銻 Antimonio [antimónjo]	52 **Te** 碲 Tellurio [tellúrjo]	53 **I** 碘 Iodio [jódjo] 或 Jodio	54 **Xe** 氙 Xeno [kséno] 或 Xenon
8 **Pt** 鉑 Platino [plátino]	79 **Au** 金 Oro [ó:ro]	80 **Hg** 汞 Mercurio [merkúrjo]	81 **Tl** 鉈 Tallio [tálljo]	82 **Pb** 鉛 Piombo [pjómbo]	83 **Bi** 鉍 Bismuto [bizmúto]	84 **Po** 釙 Polonio [polónjo]	85 **At** 砈 Astato [astáto]	86 **Rn** 氡 Radon [rádon] 或 Radon
10 **Ds** 鐽 Darmstadtio [darmstátjo]	111 **Rg** 錀 Roentgenio [roentgénjo]	112 **Cn** 鎶 Copernicio [koperní:tjo]	113 **Nh** 鉨 Nihonio [niónjo]	114 **Fl** 鈇 Flerovio [fleróvjo]	115 **Mc** 鏌 Moscovio [moskóvjo]	116 **Lv** 鉝 Livermorio [livermórjo]	117 **Ts** 鿬 Tennesso [tenésso]	118 **Og** 鿫 Oganesson [oganésson]

63 **Eu** 銪 Europio [európjo]	64 **Gd** 釓 Gadolinio [gadolínjo]	65 **Tb** 鋱 Terbio [térbjo]	66 **Dy** 鏑 Disprosio [disprózjo]	67 **Ho** 鈥 Olmio [ólmjo]	68 **Er** 鉺 Erbio [érbjo]	69 **Tm** 銩 Tulio [túljo]	70 **Yb** 鐿 Itterbio [ittérbjo]	71 **Lu** 鎦 Lutezio [lutétsjo]
95 **Am** 鋂 Americio [amérítʃo]	96 **Cm** 鋦 Curio [kúrjo]	97 **Bk** 鉳 Berkelio [berkéljo]	98 **Cf** 鉲 Californio [kalifórnjo]	99 **Es** 鑀 Einsteinio [ainstánjo] 或 Einsteino	100 **Fm** 鐨 Fermio [férmjo]	101 **Md** 鍆 Mendelevio [mendelévjo]	102 **No** 鍩 Nobelio [nobéljo]	103 **Lr** 鐒 Laurenzio [lauréntsjo] 或 Laurencio

葡萄牙語週期表

在15～17世紀的「大航海時代」，西班牙、葡萄牙這兩大強國進出新大陸及亞洲，將界一分為二。

以葡萄牙語作為官方語言的國家除了歐洲的葡萄牙本國之外，還有巴西、安哥拉共和國、維德角共和國、幾內亞比索共和國、聖多美普林西比民主共和國、莫三比克共和國、赤道幾內亞共和國，還有亞洲的澳門特別行政區及東帝汶民主共和國這10個國家／地區。

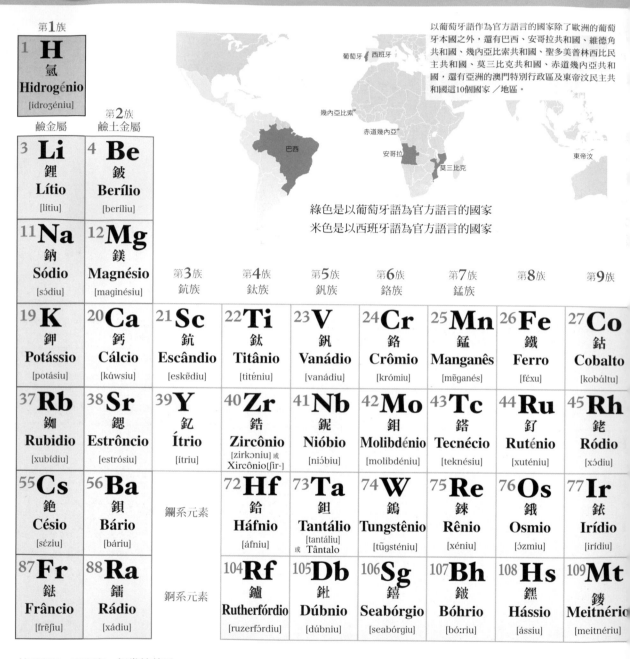

綠色是以葡萄牙語為官方語言的國家
米色是以西班牙語為官方語言的國家

第1族								
1 **H** 氫 Hidrogénio [idroʒéniu]								

鹼金屬

第2族 鹼土金屬	第3族 鈧族	第4族 鈦族	第5族 釩族	第6族 鉻族	第7族 錳族	第8族	第9族
3 **Li** 鋰 Lítio [lítiu]	4 **Be** 鈹 Berílio [beríliu]						
11 **Na** 鈉 Sódio [sódiu]	12 **Mg** 鎂 Magnésio [maginésiu]						

		第3族 鈧族	第4族 鈦族	第5族 釩族	第6族 鉻族	第7族 錳族	第8族	第9族
19 **K** 鉀 Potássio [potásiu]	20 **Ca** 鈣 Cálcio [káwsiu]	21 **Sc** 鈧 Escândio [eskẽdiu]	22 **Ti** 鈦 Titânio [titéniu]	23 **V** 釩 Vanádio [vanádiu]	24 **Cr** 鉻 Crômio [krómiu]	25 **Mn** 錳 Manganês [mẽganés]	26 **Fe** 鐵 Ferro [féxu]	27 **Co** 鈷 Cobalto [kobáltu]
37 **Rb** 銣 Rubidio [xubídiu]	38 **Sr** 鍶 Estrôncio [estrósiu]	39 **Y** 釔 Ítrio [ítriu]	40 **Zr** 鋯 Zircônio [zirkɔniu] 或 Xircônio[ʃir-]	41 **Nb** 鈮 Nióbio [nióbiu]	42 **Mo** 鉬 Molibdénio [molibdéniu]	43 **Tc** 鎝 Tecnécio [teknésiu]	44 **Ru** 釕 Ruténio [xuténiu]	45 **Rh** 銠 Ródio [xódiu]
55 **Cs** 銫 Césio [séziu]	56 **Ba** 鋇 Bário [báriu]	鑭系元素	72 **Hf** 鉿 Háfnio [áfniu]	73 **Ta** 鉭 Tantálio [tantáliu] 或 Tântalo	74 **W** 鎢 Tungstênio [tũgsténiu]	75 **Re** 錸 Rênio [xéniu]	76 **Os** 鋨 Osmio [ɔzmiu]	77 **Ir** 銥 Irídio [irídiu]
87 **Fr** 鍅 Frâncio [frẽʃiu]	88 **Ra** 鐳 Rádio [xádiu]	錒系元素	104 **Rf** 鑪 Rutherfórdio [ruzerfórdiu]	105 **Db** 𨧀 Dúbnio [dúbniu]	106 **Sg** 𨭎 Seabórgio [seabórgiu]	107 **Bh** 𨨏 Bóhrio [bó:riu]	108 **Hs** 𨭆 Hássio [ássiu]	109 **Mt** 䥑 Meitnério [meitnériu]

拉丁語的H不發音，相當於其子孫的語言H也不發音。例如氫的葡萄牙語Hidrogénio、西班牙語Hidrogéno；氦的葡萄牙語Helio、西班牙語Helio，其H皆不發音。另一方面，義大利語會省略H，例如Elio（氦）。

鑭系元素					
57 **La** 鑭 Lantânio [lẽténiu]	58 **Ce** 鈰 Cério [sériu]	59 **Pr** 鐠 Prasiodímio [praziodímiu]	60 **Nd** 釹 Neodímio [neodímiu]	61 **Pm** 鉅 Promécio [promésiu]	62 **Sm** 釤 Samário [samáriu]
89 **Ac** 錒 Actínio [aktíniu]	90 **Th** 釷 Tório [tóriu]	91 **Pa** 鏷 Protactínio [protaktíniu]	92 **U** 鈾 Urânio [uréniu]	93 **Np** 錼 Neptúnio [neptúniu]	94 **Pu** 鈽 Plutónio [plutóniu]

錒系元素

萄牙語的e及o各有2種發音，〕（嘴巴略張的「ㄟ」〔e〕）、e〕（「ㄧ」〔i〕的嘴型接近「ㄟ」）和ó[ɔ]（嘴巴略張的「ㄛ」o〕）、ô[o]（「ㄨ」〔u〕的嘴型接近「ㄛ」）。葡萄牙及巴西除的葡萄語圈是用é和ó；巴西則用ê和ô標示，比方說氫在葡萄牙寫作hidrogénio，在巴西則是hidrogênio。週期表是用葡萄牙本國的拼法，色文字的é在巴西會變成ê。

元素名稱字尾大多為拉丁語中性名詞字尾-ium，在葡萄牙語中則會變成陽性名詞的-io。義大利語及西班牙語的-io會發「ョ」（yo）的音，而葡萄牙語則是「イウ」（iu）的音。

		第**18**族 鈍氣
		2 **He** 氦 **Hélio** [éliu]

第**13**族 硼族	第**14**族 碳族	第**15**族 氮族	第**16**族 氧族	第**17**族 鹵素	
5 **B** 硼 **Boro** [bóru]	6 **C** 碳 **Carbono** [karbónu]	7 **N** 氮 **Nitrogénio** [nitroʒéniu]	8 **O** 氧 **Oxigénio** [oksiʒéniu]	9 **F** 氟 **Flúor** [flúor]	10 **Ne** 氖 **Neónio** ※1 [neóniu]
13 **Al** 鋁 **Alumínio** [alumíniu]	14 **Si** 矽 **Silício** [silisiu]	15 **P** 磷 **Fósforo** [fósforu]	16 **S** 硫 **Enxofre** [ẽʃófri]	17 **Cl** 氯 **Cloro** [klóru]	18 **Ar** 氬 **Argónio** ※2 [argóniu]

第**10**族	第**11**族 銅族	第**12**族 鋅族					
28 **Ni** 鎳 **Níquel** [níkel]	29 **Cu** 銅 **Cobre** [kóbri]	30 **Zn** 鋅 **Zinco** [ziku]	31 **Ga** 鎵 **Gálio** [gáliu]	32 **Ge** 鍺 **Germânio** [ʒerméniu]	33 **As** 砷 **Arsénio** [arséniu]	34 **Se** 硒 **Selénio** [seléniu]	35 **Br** 溴 **Bromo** [brómu]	36 **Kr** 氪 **Criptónio** [kriptóniu]
46 **Pd** 鈀 **Paládio** [paládiu]	47 **Ag** 銀 **Prata** [práta]	48 **Cd** 鎘 **Cádmio** [kádmiu]	49 **In** 銦 **Índio** [ídiu]	50 **Sn** 錫 **Estanho** [estẽɲu]	51 **Sb** 銻 **Actimónio** [ẽtimóniu]	52 **Te** 碲 **Telúrio** [telúriu]	53 **I** 碘 **Iodo** [iódu]	54 **Xe** 氙 **Xenónio** [ʃenóniu]
78 **Pt** 鉑 **Platina** [plátina]	79 **Au** 金 **Ouro** [orú]	80 **Hg** 汞 **Mercúrio** [merkúriu]	81 **Tl** 鉈 **Tálio** [táliu]	82 **Pb** 鉛 **Chumbo** [ʃũbu]	83 **Bi** 鉍 **Bismuto** [bizmútu]	84 **Po** 釙 **Polónio** [polóniu]	85 **At** 砈 **Astato** [astáto]	86 **Rn** 氡 **Radónio** ※3 [xadóniu]
110 **Ds** 鐽 **Darmstádtio** [darmstádtiu]	111 **Rg** 錀 **Roentgénio** [xoentxéniu]	112 **Cn** 鎶 **Copernício** [kopernísiu]	113 **Nh** 鉨 **Nipónio** [niponiu]	114 **Fl** 鈇 **Fleróvio** [fleróviu]	115 **Mc** 鏌 **Moscóvio** [moskóviu]	116 **Lv** 鉝 **Livermório** [livermóriu]	117 **Ts** 硱 **Tenesso** [téneso]	118 **Og** 氭 **Oganessónio** [oganesóniu]

※1 在葡萄牙也可寫成**Néon**。　※2 在葡萄牙也可寫成**Árgon**。　※3 在葡萄牙也可寫成**Radão**。

63 **Eu** 銪 **Európio** [európiu]	64 **Gd** 釓 **Gadolínio** [gadolíniu]	65 **Tb** 鋱 **Térbio** [térbiu]	66 **Dy** 鏑 **Disprósio** [disprósiu]	67 **Ho** 鈥 **Hólmio** [ólmiu]	68 **Er** 鉺 **Érbio** [érbiu]	69 **Tm** 銩 **Túlio** [túliu]	70 **Yb** 鐿 **Itérbio** [itérbiu]	71 **Lu** 鎦 **Lutécio** [lutésiu]
95 **Am** 鎇 **Americío** [amerísiu]	96 **Cm** 鋦 **Cúrio** [kúriu]	97 **Bk** 鉳 **Berquélio** [berkéliu]	98 **Cf** 鉲 **Califórnio** [kalifórniu]	99 **Es** 鑀 **Einstênio** [einsténiu]	100 **Fm** 鐨 **Férmio** [férmiu]	101 **Md** 鍆 **Mendelévio** [mendeléviu]	102 **No** 鍩 **Nobélio** [nobéliu]	103 **Lr** 鐒 **Laurêncio** [laurénsiu]

西班牙語週期表

西班牙語主要是在西班牙本國以及巴西以外的中美洲使用，是僅次於英語、中文的世界第3大語言（使用者3億3200萬人）。

第**1**族

1 **H** 氫 Hidrógeno [idróxeno]

德·里奧
Andrés Manuel Del Río
（1764-1849）
西班牙出身，住在墨西哥的化學家、礦物學家，釩的發現者。

法斯托·德盧亞爾
Fausto de Elhuyar y de Suvisa
（1754-1796）
化學家、礦物學家、墨西哥皇家礦業學院院長。

胡安·荷西·德盧亞爾
Juan José（1754-1796）
與弟弟**法斯托**一起成功分離鎢。

鹼金屬　　第**2**族 鹼土金屬

【底色】發現者是西班牙人→橘色

3 **Li** 鋰 Litio [lítjo]	4 **Be** 鈹 Berilio [beríljo]
11 **Na** 鈉 Sodio [sóðjo]	12 **Mg** 鎂 Magnesio [maynésjo]

第**3**族 鈧族　第**4**族 鈦族　第**5**族 釩族　第**6**族 鉻族　第**7**族 錳族　第**8**族　第**9**族

19 **K** 鉀 Potasio [potásjo]	20 **Ca** 鈣 Calcio [kálsjo/kálθjo]	21 **Sc** 鈧 Escandio [eskándjo]	22 **Ti** 鈦 Titanio [titánjo]	23 **V** 釩 Vanadio [banáðjo]	24 **Cr** 鉻 Cromo [krómo]	25 **Mn** 錳 Manganeso [maŋganéso]	26 **Fe** 鐵 Hierro [jɛř́]	27 **Co** 鈷 Cobalto [kobálto]
37 **Rb** 銣 Rubidio [řubídjo]	38 **Sr** 鍶 Estroncio [estrónθjo]	39 **Y** 釔 Itrio [ítrjo]	40 **Zr** 鋯 Circonio [θirkónjo]	41 **Nb** 鈮 Niobio [njóbjo]	42 **Mo** 鉬 Molibdeno [molibdéno]	43 **Tc** 鎝 Tecnecio [tɛknéθjo]	44 **Ru** 釕 Rutenio [ruténjo]	45 **Rh** 銠 Rodio [řodjo]
55 **Cs** 銫 Cesio [sésjo/θésjo]	56 **Ba** 鋇 Bario [bárjo]	鑭系元素	72 **Hf** 鉿 Hafnio [áfnjo]	73 **Ta** 鉭 Tantalio [tantáljo]	74 **W** 鎢 Wolframio [bolfrámjo]	75 **Re** 錸 Renio [řénjo]	76 **Os** 鋨 Osmio [ɔsmjo]	77 **Ir** 銥 Iridio [irídjo]
87 **Fr** 鍅 Francio [fránθjo]	88 **Ra** 鐳 Radio※4 [řádjo]	錒系元素	104 **Rf** 鑪 Rutherfordio [ruterfórdjo]	105 **Db** 𨧀 Dubnio [dúbnjo]	106 **Sg** 𨭎 Seaborgio [seabórxjo]	107 **Bh** 𨨏 Bohrio [bo:rjo]	108 **Hs** 𨭆 Hasio [ásjo]	109 **Mt** 䥑 Meitnerio [meitnérjo]

※4 與電波的廣播拼法相同！

安東尼奧·德·烏佑亞

西班牙軍人，同時也是探險家、天文學家、路易斯安納最早的行政長官，據說也是鉑的發現者。

	57 **La** 鑭 Lantano [lantáno]	58 **Ce** 鈰 Cerio [θérjo/sérjo]	59 **Pr** 鐠 Praseodimio [praseodímjo]	60 **Nd** 釹 Neodimio [neodímjo]	61 **Pm** 鉕※3 Prometio [prométjo]	62 **Sm** 釤 Samario [samárjo]
鑭系元素						
錒系元素	89 **Ac** 錒 Actinio [aktínjo]	90 **Th** 釷 Torio [tórjo]	91 **Pa** 鏷 Protactinio [protactínjo]	92 **U** 鈾 Uranio [uránjo]	93 **Np** 錼 Neptunio [nɛptúnjo]	94 **Pu** 鈽 Plutonio [plutónjo]

※3 講點小知識，字尾的o上面加重音記號就變成動詞prometer的簡單過去式，意為「約好的」

班牙語中LL的發音原本是[ʎ]（音近「リャ」〔rya〕），不過17世紀起在中南美變成[j]（音近「ヤ」〔ya〕），再後來也能發音成[z]（音近「ジャ」〔ja〕）。不僅如此，也有區（拉普拉塔河流域）的LL發音變化成[ʃ]（音近「シャ」〔sha〕）。最後18世紀時，這種變化也在西班牙本國出現。然而直到現在，發[ʎ]接近「リャ」音的區也很多，此種原本的發音方式再為yeísmo。

有趣的是，原本拉丁語中寫作LL的eryllium、Callium、Palladium、ellurium、Thallium在西班牙語變成Berilio、Galio、Paladio、elurio、Thalio，兩個L剩下1個。

※1 Fósforo也意為「火柴」。

※2 Indio 跟南美的「原住民」寫法相同。

第13族 硼族	第14族 碳族	第15族 氮族	第16族 氧族	第17族 鹵素	第18族 鈍氣
					2 **He** 氦 Helio [éljo]
5 **B** 硼 Boro [bóro]	6 **C** 碳 Carbono [karbóno]	7 **N** 氮 Nitrógeno [nitróxeno]	8 **O** 氧 Oxígeno [oksíxeno]	9 **F** 氟 Flúor [flúor]	10 **Ne** 氖 Neón [neón]
13 **Al** 鋁 Aluminio [alumínjo]	14 **Si** 矽 Silicio [siliθjo/silísjo]	15 **P** 磷 Fósforo ※1 [fósforo]	16 **S** 硫 Azufre [aθúfre]	17 **Cl** 氯 Cloro [klóro]	18 **Ar** 氬 Argón [argón]

第10族	第11族 銅族	第12族 鋅族							
28 **Ni** 鎳 Níquel [níkεl]	29 **Cu** 銅 Cobre [kóbre]	30 **Zn** 鋅 Zinc [θíŋk/síŋk/sín]	31 **Ga** 鎵 Galio [gáljo]	32 **Ge** 鍺 Germanio [xεrmánjo]	33 **As** 砷 Arsénico [arséniko]	34 **Se** 硒 Selenio [selénjo]	35 **Br** 溴 Bromo [brómo]	36 **Kr** 氪 Kriptón [kriptón]
46 **Pd** 鈀 Paladio [paládjo]	47 **Ag** 銀 Plata [pláta]	48 **Cd** 鎘 Cadmio [kádmjo]	49 **In** 銦 Indio ※2 [índjo]	50 **Sn** 錫 Estaño [estáɲo]	51 **Sb** 銻 Antimonio [antimónjo]	52 **Te** 碲 Telurio [telúrjo]	53 **I** 碘 Yodo [jódo]	54 **Xe** 氙 Xenón [senón]
78 **Pt** 鉑 Platino [platíno]	79 **Au** 金 Oro [óro]	80 **Hg** 汞 Mercurio [mεrkúrjo]	81 **Tl** 鉈 Talio [táljo]	82 **Pb** 鉛 Plomo [plómo]	83 **Bi** 鉍 Bismuto [bismúto]	84 **Po** 釙 Polonio [polónjo]	85 **At** 砈 Astato [ástato]	86 **Rn** 氡 Radón [řdón]
110 **Ds** 鐽 Darmstatio [darmstátjo]	111 **Rg** 錀 Roentgenio [řoentxénjo]	112 **Cn** 鎶 Copernicio [kopernísjo]	113 **Nh** 鉨 Nihonio [niónjo]	114 **Fl** 鈇 Flerovio [fleróbjo]	115 **Mc** 鏌 Moscovio [moskóbjo]	116 **Lv** 鉝 Livermorio [libermórjo]	117 **Ts** 础 Teneso [tenéso]	118 **Og** 氭 Oganesón [oganesón]

63 **Eu** 銪 Europio [εurópjo]	64 **Gd** 釓 Gadolinio [gadolínjo]	65 **Tb** 鋱 Terbio [tεrbjo]	66 **Dy** 鏑 Disprosio [disprósjo]	67 **Ho** 鈥 Holmio [ɔlmjó]	68 **Er** 鉺 Erbio [érbjo]	69 **Tm** 銩 Tulio [túljo]	70 **Yb** 鐿 Iterbio [itεrbjó]	71 **Lu** 鎦 Lutecio [lutéθjo]
95 **Am** 鋂 Americio [ameríθjo]	96 **Cm** 鋦 Curio ※4 [kúrjo]	97 **Bk** 鉳 Berkelio [bεrkéljo]	98 **Cf** 鉲 Californio [kalifórnjo]	99 **Es** 鑀 Einstenio [εinsténjo]	100 **Fm** 鐨 Fermio [fέrmjo]	101 **Md** 鍆 Mendelevio [mendelébjo]	102 **No** 鍩 Nobelio [nobéljo]	103 **Lr** 鐒 Lawrencio [laurénθjo]

※4 順帶一提，英語中curio是「骨董」的意思。

現代希臘語週期表

詞彙豐富的古希臘語超越時空，廣泛用於現代的元素名稱中，令人深受感動。

源自**羅馬神話**神明的元素名稱，已經替換成對應的**希臘神話**神明之名（週期表中的綠色方塊）。

羅馬神話的海神＝海王星
Neptune
↓
Neptunium
錼

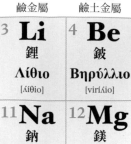

羅馬神話中的海神涅普頓被認為等同於希臘神話中的波賽頓。

那麼……

希臘神話的海神
Ποσειδῶν
波賽頓
↓
錼的希臘語名稱
Ποσειδώνιο
Poseidónio

羅馬神話的女神刻瑞斯（席瑞絲）被認為等同於希臘神話中的狄蜜特。

鈰 Cerium → Dimítrio

第1族	第2族 鹼土金屬	第3族 鈧族	第4族 鈦族	第5族 釩族	第6族 鉻族	第7族 錳族	第8族	第9族
1 **H** 氫 Υδρογόνο [iðroɣóno]								
鹼金屬								
3 **Li** 鋰 Λίθιο [líθio]	4 **Be** 鈹 Βηρύλλιο [viríλio]							
11 **Na** 鈉 Νάτριο [nátrio]	12 **Mg** 鎂 Μαγνήσιο [maɣnísio]							
19 **K** 鉀 Κάλιο [káλio]	20 **Ca** 鈣 Ασβέστιο [asvéstio]	21 **Sc** 鈧 Σκάνδιο [skánðio]	22 **Ti** 鈦 Τιτάνιο [titánio]	23 **V** 釩 Βανάδιο [vanáðio]	24 **Cr** 鉻 Χρώμιο [xrómio]	25 **Mn** 錳 Μαγγάνιο [maɣánio]	26 **Fe** 鐵 Σίδηρος [síðiros]	27 **Co** 鈷 Κοβάλτιο [kováλtio]
37 **Rb** 銣 Ρουβίδιο [ruvíðio]	38 **Sr** 鍶 Στρόντιο [strondio]	39 **Y** 釔 Ύττριο [ítrio]	40 **Zr** 鋯 Ζιρκόνιο [zirkónio]	41 **Nb** 鈮 Νιόβιο [nióvio]	42 **Mo** 鉬 Μολυβδαίνιο [moλivðénio]	43 **Tc** 鎝 Τεχνήτιο [texnítio]	44 **Ru** 釕 Ρουθήνιο [ruθínio]	45 **Rh** 銠 Ρόδιο [róðjo]
55 **Cs** 銫 Καίσιο [káisio]	56 **Ba** 鋇 Βάριο [vário]	鑭系元素	72 **Hf** 鉿 Άφνιο [áfnio]	73 **Ta** 鉭 Ταντάλιο [tandáλio]	74 **W** 鎢 Βολφράμιο [voλfrámio]	75 **Re** 錸 Ρήνιο [rínio]	76 **Os** 鋨 Όσμιο [ózmio]	77 **Ir** 銥 Ιρίδιο [irídio]
87 **Fr** 鍅 Φράγκιο [fráɣio]	88 **Ra** 鐳 Ράδιο [ráðio]	錒系元素	104 **Rf** 鑪 Ραδερφόρτιο [raðerfórdio]	105 **Db** 𨧀 Ντούμπνιο [dúbnio]	106 **Sg** 𨭎 Σιμπόργκιο [sibórŋgio]	107 **Bh** 𨨏 Μπόριο [bório]	108 **Hs** 𨭆 Χάσιο [xásio]	109 **Mt** 䥑 Μαϊτνέριο [maitnério]

Άνθρακα（碳）源自希臘語的「木炭、煤炭」，Ψευδάργυρος（鋅）則源自希臘語的「假銀子」。Ασβέστιο（鈣）源自「生石灰」，Asbestos（石綿）也是同個語源。

※2 也可寫成**Πρασεοδύμιο**。

	57 **La** 鑭 Λανθάνιο [λanθánio]	58 **Ce** 鈰 Δημήτριο [ðimítrjo]	59 **Pr** 鐠 ※2 Πρασινοδύμιο [prasinoðímio]	60 **Nd** 釹 Νεοδύμιο [neoðímio]	61 **Pm** 鉕 Προμήθειο [promíθio]	62 **Sm** 釤 Σαμάριο [samário]
鑭系元素						
錒系元素	89 **Ac** 錒 Ακτίνιο [aktínio]	90 **Th** 釷 Θόριο [θório]	91 **Pa** 鏷 Πρωτακτίνιο [protaktínio]	92 **U** 鈾 Ουράνιο [uránio]	93 **Np** 錼 Ποσειδώνιο [posiðómio]	94 **Pu** 鈽 Πλουτώνιο [pλutónio]

期表的水藍色方塊是希臘語特有元素名稱，比方說Αευκόχρυσο（鉑）源自現代希臘語λευκός（白的）＋Χρυσός（金）。順帶一提，從χρυσός古代唸クリュソス〔kuryusosu〕，現代唸リソス〔kurisosu〕）「金子」衍生出英語hrysalis（蛹）一詞。

氟F Φθόριο源自希臘語φθορα（毀滅、滅亡），將氟F的性質描寫得活靈活現。

第18族 鈍氣

2 **He** 氦 Ήλιο [ílio]

第13族 硼族	第14族 碳族	第15族 氮族	第16族 氧族	第17族 鹵素	
5 **B** 硼 Βόριο [vório]	6 **C** 碳 Άνθρακας [ánθrakas]	7 **N** 氮 Άζωτο [ázoto]	8 **O** 氧 Οξυγόνο [oksiγóno]	9 **F** 氟 Φθόριο [fθório]	10 **Ne** 氖 Νέον [néon]
13 **Al** 鋁 Αργίλιο [arjílio]	14 **Si** 矽 Πυρίτιο [pirítio]	15 **P** 磷 Φωσφόρος [fosforos]	16 **S** 硫 Θείο [θéio]	17 **Cl** 氯 Χλώριο [xlório]	18 **Ar** 氬 Αργό [arγó]

第10族	第11族 銅族	第12族 鋅族								
28 **Ni** 鎳 Νικέλλιο [nikélio]	29 **Cu** 銅 Χαλκός [xαlkós]	30 **Zn** 鋅 Ψευδάργυρος [psɛvðárjiros]	31 **Ga** 鎵 Γάλλιο [γálio]	32 **Ge** 鍺 Γερμάνιο [jermánio]	33 **As** 砷 Αρσενικό [arsenikó]	34 **Se** 硒 Σελήνιο [seλínio]	35 **Br** 溴 ※1 Βρώμιο [vrómio]	36 **Kr** 氪 Κρυπτό [kriptó]
46 **Pd** 鈀 Παλλάδιο [paλádio]	47 **Ag** 銀 Άργυρος [árjiros]	48 **Cd** 鎘 Κάδμιο [káðmio]	49 **In** 銦 Ίνδιο [índio]	50 **Sn** 錫 Κασσίτερος [kasíteros]	51 **Sb** 銻 Αντιμόνιο [antimónio]	52 **Te** 碲 Τελλούριο [teλúrio]	53 **I** 碘 Ιώδιο [ioðio]	54 **Xe** 氙 Ξένο [kséno]
78 **Pt** 鉑 Λευκόχρυσος [λefkóxrisos]	79 **Au** 金 Χρυσός [xrisós]	80 **Hg** 汞 Υδράργυρος [iðrárjiros]	81 **Tl** 鉈 Θάλλιο [θáλio]	82 **Pb** 鉛 Μόλυβδος [mólivðos]	83 **Bi** 鉍 Βισμούθιο [vizmúθio]	84 **Po** 釙 Πολώνιο [polónio]	85 **At** 砈 Άστατο [ástato]	86 **Rn** 氡 Ραδόνιο [raðónio]
110 **Ds** 鐽 Νταρμστάντιο [darmstádio]	111 **Rg** 錀 Ρεντγένιο [rendnyénio]	112 **Cn** 鎶 Κοπερνίκιο [koperníkio]	113 **Nh** 鉨 Νιχόνιο [nixónio]	114 **Fl** 鈇 Φλερόβιο [fleróbio]	115 **Mc** 鏌 Μοσκόβιο [moskóbio]	116 **Lv** 鉝 Λιβερμόριο [livermório]	117 **Ts** 础 Τενέσιο [tenésio]	118 **Og** 鿫 Ογκανέσσιο [oganésio]

※1 也可寫成Βρόμιο。

※3 ï 上面兩個點稱為「分音符號」（dialytika），代表並非雙重母音，而是視作兩個單母音

63 **Eu** 銪 Ευρώπιο [eirópio]	64 **Gd** 釓 Γαδολίνιο [γαðολínio]	65 **Tb** 鋱 Τέρβιο [térvio]	66 **Dy** 鏑 Δυσπρόσιο [ðisprósio]	67 **Ho** 鈥 Όλμιο [óλmio]	68 **Er** 鉺 Έρβιο [érvio]	69 **Tm** 銩 Θούλιο [θúλio]	70 **Yb** 鐿 Υττέρβιο [itérvio]	71 **Lu** 鎦 Λουτήτιο [λútítio]
95 **Am** 鋂 Αμερίκιο [ameríkio]	96 **Cm** 鋦 Κιούριο [kiúrio]	97 **Bk** 鉳 Μπερκέλιο [berkéλio]	98 **Cf** 鉲 Καλιφόρνιο [kaλifórnio]	99 ※3 **Es** 鑀 Αϊνσταΐνιο [ainstaínio]	100 **Fm** 鐨 Φέρμιο [férmio]	101 **Md** 鍆 Μεντελέβιο [mendeλévio]	102 **No** 鍩 Νομπέλιο [nobéλio]	103 **Lr** 鐒 Λωρένσιο [λορénsio]

說俄羅斯語的人口約有1億7000萬人左右，是世界第[?]大語言。第二次世界大戰之後由舊蘇聯及冷戰後的俄羅斯發現眾多元素。

第1族
1 **H** 氫 Водород [vədarót]

卡爾·克勞斯
（1796-1864）
生於俄羅斯的塔爾圖
（現在的愛沙尼亞）。
1844年發現釕。

格奧爾基·弗廖羅夫
（1913–1990）
蘇維埃聯邦任命為原子彈
開發負責人。
鈩等元素的發現者。

尤里·阿格尼相
（1933-）
杜布納聯合原子核研究所核反應室
領導者。
幫助發現第114號到118號元素。
第118號元素以他的名字命名為氫。

第1族 鹼金屬	第2族 鹼土金屬
3 **Li** 鋰 Литий [lítⁱij]	4 **Be** 鈹 Бериллий [bʲirʲilʲij]
11 **Na** 鈉 Натрий [nátrʲij]	12 **Mg** 鎂 Магний [mágnʲij]

第3族 鈧族	第4族 鈦族	第5族 釩族	第6族 鉻族	第7族 錳族	第8族	第9族
21 **Sc** 鈧 Скандий [skánʲdʲij]	22 **Ti** 鈦 Титан [tsitán]	23 **V** 釩 Ванадий [vanádʲij]	24 **Cr** 鉻 Хром [xróm]	25 **Mn** 錳 Марганец [márgənʲits]	26 **Fe** 鐵 Железо [zⁱlézə]	27 **Co** 鈷 Кобальт [kóbəlʲt]
39 **Y** 釔 Иттрий [ítrʲij]	40 **Zr** 鋯 Цирконий [tsirkónij]	41 **Nb** 鈮 Ниобий [nióbij]	42 **Mo** 鉬 Молибден [məlⁱıbdén]	43 **Tc** 鎝 Технеций [tʲıxnʲétsij]	44 **Ru** 釕 Рутений [rutsjénij]	45 **Rh** 銠 Родий [ródʲij]
鑭系元素	72 **Hf** 鉿 Гафний [gáfnij]	73 **Ta** 鉭 Тантал [tantál]	74 **W** 鎢 Вольфрам [vʌlʲfrám]	75 **Re** 錸 Рений [rʲénⁱij]	76 **Os** 鋨 Осмий [ósmij]	77 **Ir** 銥 Иридий [irʲıdⁱij]
錒系元素	104 **Rf** 鑪 Резерфордий [rʲizⁱirfórdʲij]	105 **Db** 𨧀 Дубний [dúbnⁱij]	106 **Sg** 𨭎 Сиборгий [sⁱibórgⁱij]	107 **Bh** 𨨏 Борий [bórⁱij]	108 **Hs** 𨭆 Хассий [xásⁱij]	109 **Mt** 䥑 Мейтнери [mⁱijtnⁱérⁱij]

19 **K** 鉀 Калий [kálij]	20 **Ca** 鈣 Кальций [kálʲtsij]
37 **Rb** 銣 Рубидий [robⁱídⁱij]	38 **Sr** 鍶 Стронций [stróntsij]
55 **Cs** 銫 Цезий [tsjézij]	56 **Ba** 鋇 Барий [bárij]
87 **Fr** 鍅 Франций [frántsij]	88 **Ra** 鐳 Радий [rádⁱij]

德米特里·門德列夫
（1834-1907）
元素週期表的提議者，
第101號元素以他的名字
命名為鍆。

鑭系元素	57 **La** 鑭 Лантан [lantán]	58 **Ce** 鈰 Церий [tsɛrⁱij]	59 **Pr** 鐠 Празеодим [prəzʲiadⁱím]	60 **Nd** 釹 Неодим [nⁱiadⁱím]	61 **Pm** 鉅 Прометий [prʌmjétsij]	62 **Sm** 釤 Самари [samárij]
錒系元素	89 **Ac** 錒 Актиний [aktʲínⁱij]	90 **Th** 釷 Торий [tórij]	91 **Pa** 鏷 Протактиний [prətaktⁱínⁱij]	92 **U** 鈾 Уран [urán]	93 **Np** 錼 Нептуний [nⁱiptúnⁱij]	94 **Pu** 鈽 Плутони [plutónij]

俄羅斯語是源自原始印歐語的斯拉夫語派之一。俄羅斯語的元素名稱大多以拉丁語為準，而以下黃色方塊中的元素則源自俄羅斯所固有的語詞。**углерод碳**及**Кислород氧**的**род**在俄羅斯語中意為「生產、產生」，相當於英語的-gen。順帶一提，**Кислород**的前半是源自**кисел**（酸的）。

Водород氫是俄羅斯語的**Вода**（水）加上前述的**род**（生產、產生）所形成。對了，酒類的**Водка**（伏特加）是**Вода**接「指小詞」（表現小東西的或愛稱）所形成。以往伏特加被稱為「生命之水」，省略掉生命一詞便成了單純的水。

Ртуть汞衍生自原始斯拉夫語中意為「滾動、弄倒、推進、駕駛」的詞，這是在表現汞的顆粒容易滾動的模樣。

Мышьяк砷源自俄羅斯語的「老鼠」（**мышь**），因為砷會用作殺鼠藥。**мышь**跟英語的mouse是同源詞。

第18族
鈍氣

2 **He** 氦 Гелий [gʲélʲij]

第13族 硼族	第14族 碳族	第15族 氮族	第16族 氧族	第17族 鹵素	
5 **B** 硼 Бор [bór]	6 **C** 碳 Углерод [uglʲirót]	7 **N** 氮 Азот [azót]	8 **O** 氧 Кислород [kʲislarót]	9 **F** 氟 Фтор [ftór]	10 **Ne** 氖 Неон [nʲión]
13 **Al** 鋁 Алюминий [əlʲumʲínʲij]	14 **Si** 矽 Кремний [krʲémnʲij]	15 **P** 磷 Фосфор [fósfər]	16 **S** 硫 Сера [sʲérə]	17 **Cl** 氯 Хлор [xlór]	18 **Ar** 氬 Аргон [argón]

第10族	第11族 銅族	第12族 鋅族						
28 **Ni** 鎳 Никель [nʲíkʲilʲ]	29 **Cu** 銅 Медь [mʲétʲ]	30 **Zn** 鋅 Цинк [tsínk]	31 **Ga** 鎵 Галлий [gállij]	32 **Ge** 鍺 Германий [gʲirmánʲij]	33 **As** 砷 Мышьяк [mişják]	34 **Se** 硒 Селен [sʲilʲén]	35 **Br** 溴 Бром [bróm]	36 **Kr** 氪 Криптон [kripton]
46 **Pd** 鈀 Палладий [palládʲij]	47 **Ag** 銀 Серебро [sʲirʲibró]	48 **Cd** 鎘 Кадмий [kádmij]	49 **In** 銦 Индий [ínʲdʲij]	50 **Sn** 錫 Олово [óləvə]	51 **Sb** 銻 Сурьма [sorʲmá]	52 **Te** 碲 Теллур [tɛllúr]	53 **I** 碘 Иод [jót]	54 **Xe** 氙 Ксенон [ksʲinón]
78 **Pt** 鉑 Платина [plátʲinə]	79 **Au** 金 Золото [zólətə]	80 **Hg** 汞 Ртуть [rtútʲ]	81 **Tl** 鉈 Таллий [tálʲij]	82 **Pb** 鉛 Свинец [svʲinʲéts]	83 **Bi** 鉍 Висмут [vʲísmut]	84 **Po** 釙 Полоний [pʌlónʲij]	85 **At** 砹 Астат [astát]	86 **Rn** 氡 Радон [radón]
110 **Ds** 鐽 Дармштадтий [darmştátʲij]	111 **Rg** 錀 Рентгений [rʲingʲénʲij]	112 **Cn** 鎶 Коперниций [kəpʲirnʲítsij]	113 **Nh** 鉨 Нихоний [nʲixónʲij]	114 **Fl** 鈇 Флеровий [flʲiróvʲij]	115 **Mc** 鏌 Московий [maskóvʲij]	116 **Lv** 鉝 Ливерморий [lʲivʲirmórʲij]	117 **Ts** 硱 Теннессин [tʲinʲisʲin]	118 **Og** 氭 Оганесон [agənʲisón]

【底色】發現者為俄羅斯人→粉紅色，名稱與俄羅斯有關→淺粉紅色

63 **Eu** 銪 Свропий [ivrópij]	64 **Gd** 釓 Гадолиний [gədalʲínʲij]	65 **Tb** 鋱 Тербий [térbʲij]	66 **Dy** 鏑 Диспрозий [dʲisprózʲij]	67 **Ho** 鈥 Гольмий [gólmij]	68 **Er** 鉺 Эрбий [érbij]	69 **Tm** 銩 Тулий [túlij]	70 **Yb** 鐿 Иттербий [itérbʲij]	71 **Lu** 鑥 Лютеций [lʲotétsij]
95 **Am** 鋂 Америций [amʲirʲítsij]	96 **Cm** 鋦 Кюрий [kʲúrʲij]	97 **Bk** 鉳 Берклий [bʲérklʲij]	98 **Cf** 鉲 Калифорний [kəlʲifórnʲij]	99 **Es** 鑀 Эйнштейний [ɛnştéjnʲij]*	100 **Fm** 鐨 Фермий [férmʲij]	101 **Md** 鍆 Менделевий [mʲinʲdʲilʲévʲij]	102 **No** 鍩 Нобелий [nabʲélʲij]	103 **Lr** 鐒 Лоуренсий [ləorʲénsʲij]

※[ş]是發「シャ行」(sha)的捲舌音。

119

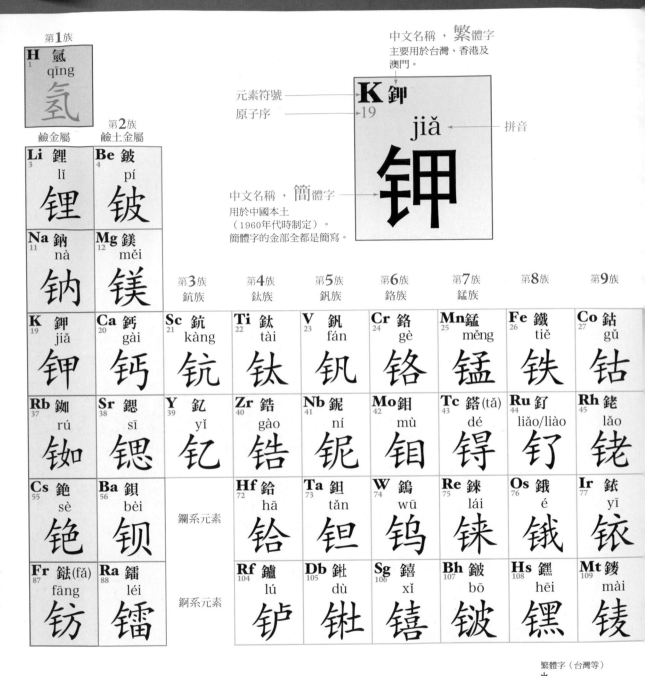

鎳 金部…常溫下為固體的金屬元素

硅 石部…常溫下為固體的非金屬元素

溴 汞 水部…常溫下為液體

氣 气部…常溫下為氣體

徐壽沒有變更炭（碳）、燐、養氣（氧）等一般的固有稱呼，之後統整時，只是加上表示性質的部首，創造出新字，例如碳、硫、矽、氧（炭字如今也用於木炭或石炭等材料名稱）。話說回來，作為分子名稱或氣體的氧，現在也有人用養氣這兩字。

第18族 鈍氣

							第13族 硼族	第14族 碳族	第15族 氮族	第16族 氧族	第17族 鹵素	He 氦 2 hài 氦

第13族 硼族	第14族 碳族	第15族 氮族	第16族 氧族	第17族 鹵素	第18族
B 硼 5 péng 硼	C 碳 6 tàn 碳	N 氮 7 dàn 氮	O 氧 8 yǎng 氧	F 氟 9 fú 氟	Ne 氖 10 nǎi 氖
Al 鋁 13 lǚ 铝	Si 矽(xi) 14 guī 硅	P 磷 15 lín 磷	S 硫 16 liú 硫	Cl 氯 17 lǜ 氯	Ar 氬 18 yà 氩

第10族	第11族 銅族	第12族 鋅族	Ga 鎵 31 jiā 镓	Ge 鍺 32 zhě 锗	As 砷 33 shēn 砷	Se 硒 34 xī 硒	Br 溴 35 xiù 溴	Kr 氪 36 kè 氪
i 鎳 niè 镍	Cu 銅 29 tóng 铜	Zn 鋅 30 xīn 锌	Ga 鎵 31 jiā 镓	Ge 鍺 32 zhě 锗	As 砷 33 shēn 砷	Se 硒 34 xī 硒	Br 溴 35 xiù 溴	Kr 氪 36 kè 氪
d 鈀 pá/bǎ 钯	Ag 銀 47 yín 银	Cd 鎘 48 gé 镉	In 銦 49 yīn 铟	Sn 錫 50 xī 锡	Sb 銻 51 tī 锑	Te 碲 52 dì 碲	I 碘 53 diǎn 碘	Xe 氙 54 xiān 氙
t 鉑 bó 铂	Au 金 79 jīn 金	Hg 汞 80 gǒng 汞	Tl 鉈 81 shé 铊	Pb 鉛 82 qiān 铅	Bi 鉍 83 bì/pí 铋	Po 釙 84 pō 钋	At 砹(è) 85 ài 砹	Rn 氡 86 dōng 氡
s 鐽 dá 鿏	Rg 錀 111 lún 铹	Cn 鎶 112 gē 锔	Nh 鉨 113 nǐ 鉨	Fl 鈇 114 fū 鉄	Mc 鏌 115 mò 镆	Lv 鉝 116 lì 铊	Ts 础 117 tián 础	Og 氣 118 ào 氣

u 鈾 yǒu 铀	Gd 釓 64 gá 钆	Tb 鋱 65 tè 铽	Dy 鏑 66 dí/dī 镝	Ho 鈥 67 huǒ 钬	Er 鉺 68 ěr 铒	Tm 銩 69 diū 铥	Yb 鐿 70 yì 镱	Lu 鑥 71 lǚ 镥
m 鋂 méi 镅	Cm 鋦 96 jú 锔	Bk 鉳(bei) 97 péi 锫	Cf 鉲(kǎ) 98 kāi 锎	Es 鑀 99 āi 锿	Fm 鐨 100 fèi 镄	Md 鍆 101 mén 钔	No 鍩 102 nuò 锘	Lr 鐒 103 láo 铹

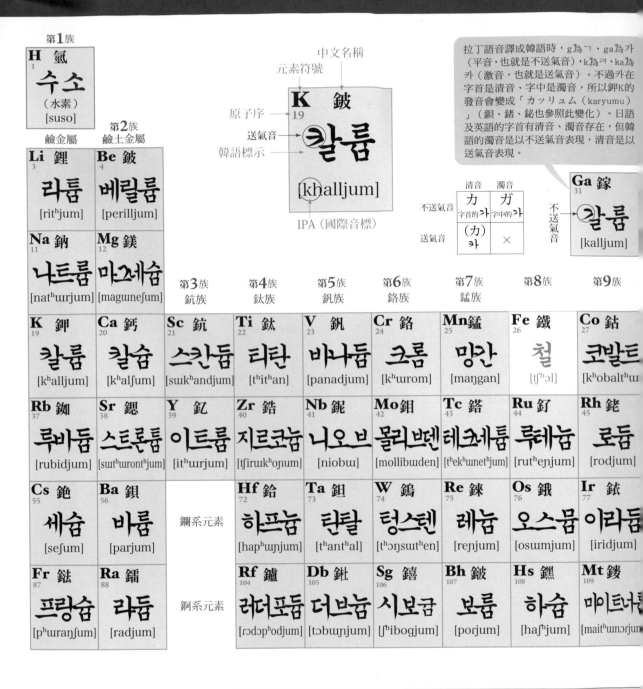

拉丁語音譯成韓語時，g為ㄱ，ga為가（平音，也就是不送氣音），k為ㅋ，ka為카（激音，也就是送氣音）。不過카在字首是清音、字中是濁音，所以鉀K的發音會變成「カッリュム（karyumu）」（銅、鍺、鉍也參照此變化）。日語及英語的字首有清音、濁音存在，但韓語的濁音是以不送氣音表現，清音是以送氣音表現。

中文名稱 / 元素符號 / 原子序 / 送氣音 / 韓語標示

K 鉀 19 칼륨 [khalljum]

IPA（國際音標）

	清音	濁音
不送氣音	カ（字首的가）	ガ（字中的가）
送氣音	（力）카	×

不送氣音 → **Ga 鎵** 31 갈륨 [kalljum]

第1族

H 氫 1 수소（水素）[suso]

鹼金屬

第2族 鹼土金屬

Li 鋰 3 리튬 [rithjum]
Be 鈹 4 베릴륨 [perilljum]

Na 鈉 11 나트륨 [nathurjum]
Mg 鎂 12 마그세슘 [magunefum]

第3族 鈧族	第4族 鈦族	第5族 釩族	第6族 鉻族	第7族 錳族	第8族	第9族
K 鉀 19 칼륨 [khalljum]	**Ca 鈣** 20 칼슘 [khalfum]	**Sc 鈧** 21 스칸듐 [sukhandjum]	**Ti 鈦** 22 티탄 [thithan]	**V 釩** 23 바나듐 [panadjum]	**Cr 鉻** 24 크롬 [khurom]	**Mn 錳** 25 망간 [mangan]
Fe 鐵 26 철 [tfhɔl]	**Co 鈷** 27 코발트 [khobalthu]					
Rb 銣 37 루비듐 [rubidjum]	**Sr 鍶** 38 스트론튬 [suthuronthjum]	**Y 釔** 39 이트륨 [ithurjum]	**Zr 鋯** 40 지르코늄 [tfirukhonjum]	**Nb 鈮** 41 니오브 [niobu]	**Mo 鉬** 42 몰리브덴 [mollibuden]	**Tc 鎝** 43 테크네튬 [thekhunethjum]
Ru 釕 44 루테늄 [ruthenjum]	**Rh 銠** 45 로듐 [rodjum]					
Cs 銫 55 세슘 [sefum]	**Ba 鋇** 56 바륨 [parjum]	鑭系元素	**Hf 鉿** 72 하프늄 [haphunjum]	**Ta 鉭** 73 탄탈 [thanthal]	**W 鎢** 74 텅스텐 [thongsuthen]	**Re 錸** 75 레늄 [renjum]
Os 鋨 76 오스뮴 [osumjum]	**Ir 銥** 77 이리듐 [iridjum]					
Fr 鍅 87 프랑슘 [phuranfum]	**Ra 鐳** 88 라듐 [radjum]	錒系元素	**Rf 鑪** 104 러더포듐 [rɔdɔphodjum]	**Db** 105 더브늄 [tɔbunjum]	**Sg** 106 시보금 [ʃhibogjum]	**Bh 鈹** 107 보륨 [porjum]
Hs 108 하슘 [hafhjum]	**Mt** 109 마이트너륨 [maithunɔrjum]					

鑭系元素

La 鑭 57 란탄 [ranthan]	**Ce 鈰** 58 세륨 [serjum]	**Pr 鐠** 59 프라세오디뮴 [phuraseodimjum]	**Nd 釹** 60 네오디뮴 [neodimjum]	**Pm 鉕** 61 프로메튬 [phuromethjum]	**Sm 釤** 62 사마륨 [samarjum]

錒系元素

Ac 錒 89 악티늄 [akthinjum]	**Th 釷** 90 토륨 [thorjum]	**Pa 鏷** 91 ※1 프로탁티늄 [phurothwakthjum]	**U 鈾** 92 우라늄 [uranjum]	**Np 錼** 93 넵투늄 [nepthunjum]	**Pu 鈽** 94 플루토늄 [phulluthonjum]

※1 也可寫成 프로트악티늄。

韓語的元素名稱源自拉丁語的占了大半，自古以來便有的名稱則多源自中文，僅有非常少數是源自朝鮮語／韓語舊有語詞。
然而名稱為「～素」的元素不使用中文系統的漢字，大多是翻譯自明治時期的日語。至於氟F（日語フッ素）或溴Br（日語臭
素），則是直接從拉丁語音譯。

圖例

Cd 鎘 48	源自拉丁語的元素名稱
카드뮴 [kʰadumjum]	
Fe 鐵 26	源自中文的元素名稱 或 朝鮮語／韓語固有的元素名稱
철 [tʃʰɔl]	
N 氮	日文寫作 ～素（소）的元素名稱
질소 [tʃilso]	

第18族 鈍氣
He 氦 2 / 헬륨 [helljum]

第13族 硼族
第14族 碳族
第15族 氮族
第16族 氧族
第17族 鹵素

元素				
B 硼 5 붕소（硼素）[puŋso]	C 碳 6 탄소（炭素）[tʰa:nso]	N 氮 7 질소（窒素）[tʃilso]	O 氧 8 산소（酸素）[sa:nso]	F 氟 9 플루오르 [pʰulluorɯ]
				Ne 氖 10 네온 [neon]
Al 鋁 13 알루미늄 [allumiɲjum]	Si 矽 14 규소 [kjuso]	P 磷 15 인 [in]	S 硫 16 황 [hwaŋ]	Cl 氯 17 염소（鹽素）[jɔmso]
				Ar 氬 18 아르곤 [arugon]

第10族
第11族 銅族
第12族 鋅族

Ni 鎳 28 니켈 [nikʰel]	Cu 銅 29 구리 [kuri]	Zn 鋅 30 이연 [ajon]	Ga 鎵 31 갈륨 [kalljum]	Ge 鍺 32 게르마늄 [kerumaɲjum]	As 砷 33 비소（砒素）[pi:so]	Se 硒 34 셀렌 [sellen]	Br 溴 35 브롬 [purom]	Kr 氪 36 크립톤 [kʰuriptʰon]
Pd 鈀 46 팔라듐 [pʰalladjum]	Ag 銀 47 은 [un]	Cd 鎘 48 카드뮴 [kʰadumjum]	In 銦 49 인듐 [indjum]	Sn 錫 50 주석 [tʃusɔk]	Sb 銻 51 안티몬 [antʰimon]	Te 碲 52 텔루르 [tʰellurɯ]	I 碘 53 요오드 [joodu]	Xe 氙 54 크세논 [kʰusenon]
Pt 鉑 78 백금 [pɛkkum]	Au 金 79 금 [kum]	Hg 汞 80 수은 [suun]	Tl 鉈 81 탈륨 [tʰalljum]	Pb 鉛 82 납 [nap]	Bi 鉍 83 비스무트 [pisumutʰɯ]	Po 釙 84 폴로늄 [pʰollonjum]	At 砈 85 아스타틴 [asutʰatʰin]	Rn 氡 86 라돈 [radon]
Ds 鐽 110 다름슈타튬 [tarumʃjutʰatʰjum]	Rg 錀 111 뢴트게늄 [røntʰɯgeɲjum]	Cn 鎶 112 코페르니슘 [kʰopʰeruniʃjum]	Nh 鉨 113 니호늄 [nihonjum]	Fl 鈇 114 플레로븀 [pʰulˌllerobjum]	Mc 鏌 115 모스코븀 [mosʰukʰobjum]	Lv 鉝 116 리버모륨 [ribɔmorjum]	Ts 鿬 117 테네신 [tʰeneʃin]	Og 氭 118 오가네손 [oganesʰon]

Eu 銪 63 유로퓸 [uropʰjum]	Gd 釓 64 가돌리늄 [kadolliɲjum]	Tb 鋱 65 테르븀 [tʰerubjum]	Dy 鏑 66 디스프로슘 [tisupʰuroʃum]	Ho 鈥 67 홀뮴 [holmjum]	Er 鉺 68 에르븀 [erubjum]	Tm 銩 69 툴륨 [tʰulljum]	Yb 鐿 70 이테르븀 [itʰerubjum]	Lu 鎦 71 루테튬 [rutʰetʰjum]
Am 鎇 95 아메리슘 [ameriʃum]	Cm 鋦 96 퀴륨 [kʰyrjum]	Bk 錇 97 버클륨 [pɔkʰulljum]	Cf 鉲 98 칼리포르늄 [kʰallipʰoruɲjum]	Es 鑀 99 아인슈타이늄 [ainʃutʰainjum]	Fm 鐨 100 페르뮴 [pʰerumjum]	Md 鍆 101 멘델레븀 [mendellebjum]	No 鍩 102 노벨륨 [nobelljum]	Lr 鐒 103 로렌슘 [rorenʃum]

123

單位是皮米（pm）
或埃（Å）。

11 **Na** 鈉	
原子半徑	2.23
共價鍵	1.54
離子半徑	1.02

17 **Cl** 氯	
原子半徑	0.97
共價鍵	0.99
離子半徑	1.81

Na → Na$^+$

Cl → Cl$^-$

鈉會從最外層的M殼層變成L殼層，半徑縮小。氯與Cl-的最外層是M殼層不會變，但獲得電子後，電子間的反作用力（排斥力）運作反而會使得離子半徑變大。

原子半徑 2.23　離子半徑 1.02

原子半徑 0.97　離子半徑 1.81

所謂**離子半徑**，是指將陽離子或陰離子視為球形時的半徑。因為失去電子，所以陽離子的離子半徑變得比原子半徑小；陰離子的離子半徑則因為獲得電子，變得比原子半徑大。

第1族

1 **H** 氫	
原子半徑	0.79
共價鍵	0.32
離子半徑	0.012

鹼金屬　第2族 鹼土金屬

3 **Li** 鋰		4 **Be** 鈹	
原子半徑	2.05	原子半徑	1.4
共價鍵	1.23	共價鍵	0.9
離子半徑	0.76	離子半徑	0.35

11 **Na** 鈉		12 **Mg** 鎂	
原子半徑	2.23	原子半徑	1.72
共價鍵	1.54	共價鍵	1.36
離子半徑	1.02	離子半徑	0.72

第3族 鈧族　第4族 鈦族　第5族 釩族　第6族 鉻族　第7族 錳族　第8族　第9族

19 **K** 鉀	20 **Ca** 鈣	21 **Sc** 鈧	22 **Ti** 鈦	23 **V** 釩	24 **Cr** 鉻	25 **Mn** 錳	26 **Fe** 鐵	27 **Co** 鈷
原子半徑 2.77	原子半徑 2.23	原子半徑 2.09	原子半徑 2	原子半徑 1.92	原子半徑 1.85	原子半徑 1.79	原子半徑 1.72	原子半徑 1.67
共價鍵 2.03	共價鍵 1.74	共價鍵 1.44	共價鍵 1.32	共價鍵 1.22	共價鍵 1.18	共價鍵 1.17	共價鍵 1.17	共價鍵 1.16
離子半徑 1.38	離子半徑 0.99	離子半徑 0.745	離子半徑 0.605	離子半徑 0.59	離子半徑 0.52	離子半徑 0.46	離子半徑 0.645	離子半徑 0.745

37 **Rb** 銣	38 **Sr** 鍶	39 **Y** 釔	40 **Zr** 鋯	41 **Nb** 鈮	42 **Mo** 鉬	43 **Tc** 鎝	44 **Ru** 釕	45 **Rh** 銠
原子半徑 2.98	原子半徑 2.45	原子半徑 2.27	原子半徑 2.16	原子半徑 2.08	原子半徑 2.01	原子半徑 1.95	原子半徑 1.89	原子半徑 1.83
共價鍵 2.16	共價鍵 1.91	共價鍵 1.62	共價鍵 1.45	共價鍵 1.34	共價鍵 1.3	共價鍵 1.27	共價鍵 1.25	共價鍵 1.25
離子半徑 1.52	離子半徑 1.12	離子半徑 0.9	離子半徑 0.72	離子半徑 0.69	離子半徑 0.65	離子半徑 0.56	離子半徑 0.68	離子半徑 0.68

55 **Cs** 銫	56 **Ba** 鋇	鑭系元素	72 **Hf** 鉿	73 **Ta** 鉭	74 **W** 鎢	75 **Re** 錸	76 **Os** 鋨	77 **Ir** 銥
原子半徑 3.34	原子半徑 2.78		原子半徑 2.16	原子半徑 2.09	原子半徑 2.02	原子半徑 1.97	原子半徑 1.92	原子半徑 1.87
共價鍵 2.35	共價鍵 1.98		共價鍵 1.44	共價鍵 1.34	共價鍵 1.3	共價鍵 1.28	共價鍵 1.26	共價鍵 1.27
離子半徑 1.67	離子半徑 1.35		離子半徑 0.71	離子半徑 0.64	離子半徑 0.62	離子半徑 0.56	離子半徑 0.63	離子半徑 0.625

87 **Fr** 鍅	88 **Ra** 鐳	錒系元素
原子半徑 0	原子半徑 0	
共價鍵 0	共價鍵 0	
離子半徑 1.8	離子半徑 1.43	

鑭系元素

57 **La** 鑭	58 **Ce** 鈰	59 **Pr** 鐠	60 **Nd** 釹	61 **Pm** 鉕	62 **Sm** 釤
原子半徑 2.74	原子半徑 2.7	原子半徑 2.67	原子半徑 2.64	原子半徑 2.62	原子半徑 2.59
共價鍵 1.69	共價鍵 1.65	共價鍵 1.65	共價鍵 1.64	共價鍵 1.63	共價鍵 1.62
離子半徑 1.061	離子半徑 1.034	離子半徑 1.013	離子半徑 0.995	離子半徑 0.979	離子半徑 0.964

錒系元素

89 **Ac** 錒	90 **Th** 釷	91 **Pa** 鏷	92 **U** 鈾	93 **Np** 錼	94 **Pu** 鈽
原子半徑 1.88	原子半徑 0	原子半徑 0	原子半徑 0	原子半徑 0	原子半徑 0
共價鍵 0	共價鍵 1.65	共價鍵 0	共價鍵 1.42	共價鍵 0	共價鍵 0
離子半徑 1.119	離子半徑 0.972	離子半徑 0.78	離子半徑 0.52	離子半徑 0.75	離子半徑 0.887

所謂**原子半徑**，指的是將原子視為球形時的半徑（圖中以黃色球體表示相對大小）。原則上，週期表越右側原子序越大、質子數越多，所以吸引電子的力道越強，則原子半徑越小。此外，同族元素的原子半徑大多是越下方越大。由此可知，週期表上的原子半徑往右上方走偏小，往左下方走會變大。

鑭系元素隨著原子序越大，4f軌道逐漸被電子填滿。4f軌道上增加的電子無法充分遮蔽核電荷，所以最外殼層的電子會被原子核強力吸引。原子序越大，原子和離子半徑越是收縮，這稱為**鑭系收縮**。

愛因斯坦的相對論效果僅略微影響鑭系收縮。s軌道及p軌道的電子一旦接近原子核便會大大加速，質量增加使原子核與電子間引力增強，軌道半徑因而收縮。

同族元素中，大抵越往下越大，不過鋯及鉿的原子半徑與離子半徑幾乎相等。兩者化學性質相當類似，所以發現鉿其實很困難。

57 **La** 鑭		64 **Gd** 釓		71 **Lu** 鎦
原子半徑 2.74	→	原子半徑 2.54	→	原子半徑 2.25
共價鍵 1.69		共價鍵 1.61		共價鍵 1.56
離子半徑 1.061	→	離子半徑 0.938	→	離子半徑 0.848

離子半徑
原子半徑

鋯
40 Zr 原子半徑 2.16 共價鍵 1.45 離子半徑 0.72

鉿
72 Hf 原子半徑 2.16 共價鍵 1.44 離子半徑 0.71

第18族 鈍氣

2 **He** 氦
原子半徑 0.49
共價鍵 0.93
離子半徑 0

第13族 硼族	第14族 碳族	第15族 氮族	第16族 氧族	第17族 鹵素	
5 **B** 硼 原子半徑 1.17 共價鍵 0.82 離子半徑 0.23	6 **C** 碳 原子半徑 0.91 共價鍵 0.77 離子半徑 0	7 **N** 氮 原子半徑 0.75 共價鍵 0.75 離子半徑 0.13	8 **O** 氧 原子半徑 0.65 共價鍵 0.73 離子半徑 1.4	9 **F** 氟 原子半徑 0.57 共價鍵 0.72 離子半徑 1.33	10 **Ne** 氖 原子半徑 0.51 共價鍵 0.71 離子半徑 0
13 **Al** 鋁 原子半徑 1.82 共價鍵 1.18 離子半徑 0.535	14 **Si** 矽 原子半徑 1.46 共價鍵 1.11 離子半徑 0.4	15 **P** 磷 原子半徑 1.23 共價鍵 1.06 離子半徑 0.38	16 **S** 硫 原子半徑 1.09 共價鍵 1.02 離子半徑 0.37	17 **Cl** 氯 原子半徑 0.97 共價鍵 0.99 離子半徑 1.81	18 **Ar** 氬 原子半徑 0.88 共價鍵 0.98 離子半徑 0

第10族 第11族 銅族 第12族 鋅族

28 **Ni** 鎳 原子半徑 1.62 共價鍵 1.15 離子半徑 0.69	29 **Cu** 銅 原子半徑 1.57 共價鍵 1.17 離子半徑 0.73	30 **Zn** 鋅 原子半徑 1.53 共價鍵 1.25 離子半徑 0.74	31 **Ga** 鎵 原子半徑 1.81 共價鍵 1.26 離子半徑 0.62	32 **Ge** 鍺 原子半徑 1.52 共價鍵 1.22 離子半徑 0.53	33 **As** 砷 原子半徑 1.33 共價鍵 1.2 離子半徑 0.58	34 **Se** 硒 原子半徑 1.22 共價鍵 1.16 離子半徑 0.5	35 **Br** 溴 原子半徑 1.12 共價鍵 1.14 離子半徑 1.96	36 **Kr** 氪 原子半徑 1.03 共價鍵 1.12 離子半徑 0
46 **Pd** 鈀 原子半徑 1.79 共價鍵 1.28 離子半徑 0.86	47 **Ag** 銀 原子半徑 1.75 共價鍵 1.34 離子半徑 1.26	48 **Cd** 鎘 原子半徑 1.71 共價鍵 1.48 離子半徑 0.97	49 **In** 銦 原子半徑 2 共價鍵 1.44 離子半徑 0.8	50 **Sn** 錫 原子半徑 1.72 共價鍵 1.41 離子半徑 0.69	51 **Sb** 銻 原子半徑 1.53 共價鍵 1.41 離子半徑 0.76	52 **Te** 碲 原子半徑 1.42 共價鍵 1.36 離子半徑 0.97	53 **I** 碘 原子半徑 1.32 共價鍵 1.33 離子半徑 2.2	54 **Xe** 氙 原子半徑 1.24 共價鍵 1.31 離子半徑 0
78 **Pt** 鉑 原子半徑 1.83 共價鍵 1.3 離子半徑 0.625	79 **Au** 金 原子半徑 1.79 共價鍵 1.34 離子半徑 0.85	80 **Hg** 汞 原子半徑 1.76 共價鍵 1.49 離子半徑 1.02	81 **Tl** 鉈 原子半徑 2.08 共價鍵 1.48 離子半徑 1.5	82 **Pb** 鉛 原子半徑 1.81 共價鍵 1.47 離子半徑 1.19	83 **Bi** 鉍 原子半徑 1.63 共價鍵 1.46 離子半徑 1.03	84 **Po** 釙 原子半徑 1.53 共價鍵 1.46 離子半徑 2.3	85 **At** 砈 原子半徑 1.43 共價鍵 1.45	86 **Rn** 氡 原子半徑 1.34 共價鍵 0

63 **Eu** 銪 原子半徑 2.56 共價鍵 1.85 離子半徑 0.947	64 **Gd** 釓 原子半徑 2.54 共價鍵 1.61 離子半徑 0.938	65 **Tb** 鋱 原子半徑 2.51 共價鍵 1.59 離子半徑 0.923	66 **Dy** 鏑 原子半徑 2.49 共價鍵 1.59 離子半徑 0.912	67 **Ho** 鈥 原子半徑 2.47 共價鍵 1.58 離子半徑 0.901	68 **Er** 鉺 原子半徑 2.45 共價鍵 1.57 離子半徑 0.881	69 **Tm** 銩 原子半徑 2.42 共價鍵 1.56 離子半徑 0.869	70 **Yb** 鐿 原子半徑 2.4 共價鍵 1.74 離子半徑 0.858	71 **Lu** 鎦 原子半徑 2.25 共價鍵 1.56 離子半徑 0.848
95 **Am** 鋂 原子半徑 0 共價鍵 0 離子半徑 0.982	96 **Cm** 鋦 原子半徑 0 共價鍵 0 離子半徑 0.97	97 **Bk** 鉳 原子半徑 0 共價鍵 0 離子半徑 0.949	98 **Cf** 鉲 原子半徑 0 共價鍵 0 離子半徑 0.934	99 **Es** 鑀 原子半徑 0 共價鍵 0 離子半徑 0.925	100 **Fm** 鐨	101 **Md** 鍆	102 **No** 鍩 原子半徑 0 共價鍵 0 離子半徑 1.1	103 **Lr** 鐒

特殊週期表

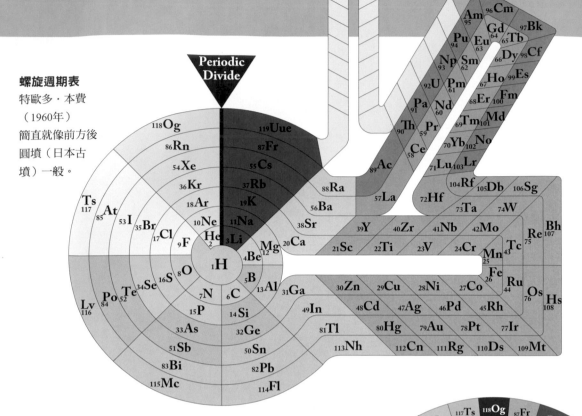

螺旋週期表
特歐多·本費
（1960年）
簡直就像前方後
圓墳（日本古
墳）一般。

除了現在廣為流傳的週期表之外，還有數十種週期表形狀的提議。目前的週期表中，鈍氣左側緊接著鹵素，鈍氣與鹼金屬遙遙相望。其實讓鈍氣與鹼金屬相鄰也無妨，為了表現其連續性，本頁也展示出各種圓形週期表的提議。

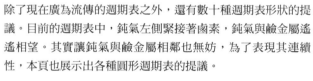

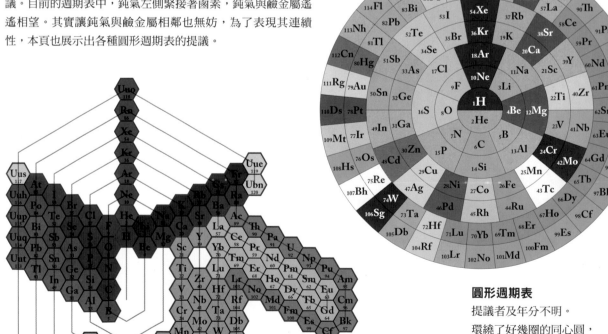

圓形週期表
提議者及年分不明。
環繞了好幾圈的同心圓，
象徵原子殼層。

週期表
週期表名稱、
提議者及年分不明。

元素符號的語詞遊戲

在歐美很常見使用元素符號的猜謎或語詞遊戲。在廣為流傳的題目中，筆者也加了些自己思考的語詞遊戲，以下介紹給各位。

問1 鈷、鎳、氡、鈾組合而成的幻想生物是什麼？

答1 獨角獸（Unicorn）。

問2 氧與鎂結婚了。聽到這個消息，大家都會大喊什麼？

答2 **O My God！（怎麼可能！）**
OMG是O My God的縮寫。

問3 有人問矽「你的英語元素符號是Si對吧，那麼西班牙語也是嗎？」

答3 **Si！** 西班牙語的Yes就是Si。

問4 最適合當早餐的元素是？

答4 **鋇、鈷、氮（BaCoN）。**

問5 不明飛行物體是用什麼元素當燃料？

答5 **鈾、氟、氧。**

問6 爸爸、媽媽、哥哥比體重，請問最輕的是誰？

答6 **爸爸（Father）。**

F、At、H、Er質量總計為
$19 + 210 + 1 + 167 = \mathbf{397}$

Mo、Th、Er質量總計為
$96 + 210 + 167 = \mathbf{473}$

Br、O、Th、Er質量總計為
$80 + 16 + 210 + 167 = \mathbf{473}$

所以質量最輕的是「爸爸」。

順帶一提，外國很常見到有人在賣排列元素符號組成地名或詞彙的T恤或貼紙，比方說用巴塞隆納的縮寫BCN，排出這種圖案。

I Love
BCN（BarCeloNa）
我愛巴塞隆納

※BCN正好是是按照週期表的順序排列。

網路上有好幾個像這樣能創造出元素符號組合的網站，在Google等搜尋網站搜尋「Periodic Table speller」，應該能找到好幾個輸入文字列，便能按照其字母顯示元素符的網站。

對了，筆者的名字「廣至」（Hiroshi）是由氫、銥、鋨、氫、碘所組成的，馬上就找到了。

積木立體週期表（離子半徑版）

對應平面週期表上各元素性質的數值，有高度變化的3D CG週期表最適合用來
探討元素的相似性（也請參照p.73的比重週期表）。
使用應用程式便能製作出3D CG週期表，不過實際上利用
玩具積木也能輕易地製作出立體週期表。

用樂高或diablock（河田）
做出來的成品相當大，所以筆者是用
nanoblock做的。這個模型是使用「姬路城 Special
Deluxe Edition」的零件。

諧擬週期表

模仿週期表的設計，以各種主題創造出的便是「諧擬
週期表」。
輸入「periodic table parody」等關鍵字搜尋網路，便
可發現「啤酒週期表」、「肉類週期表」、「漢堡週
期表」、「蔬菜週期表」、「水果週期表」、「跑車
週期表」、「字型週期表」、「應用程式週期表」、
「Adobe產品週期表」、「鋼彈週期表」、「變形金
剛週期表」、「美國總統週期表」、「美國各州週期
表」、「犬種週期表」、「貓咪週期表」、「馬匹週
期表」等等，應有盡有。筆者也試著創造了「骨頭週
期表」，大家來試著用喜歡的主題創造週期表吧。

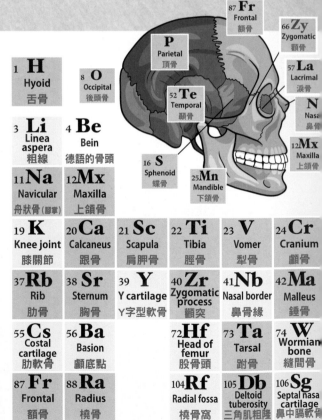

商業元素週期表

Mk … Marketting，Tc … Tactic，Fc …Forecast
Sl … Sales，Pl … Plan，Lg …Logistics等。

圖片：shutterstock.com

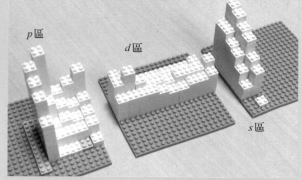

用積木將元素分成s區、p區、d區、f區。下圖是將f區（鑭系、錒系元素）放在s區與d區中間（32列週期表）。

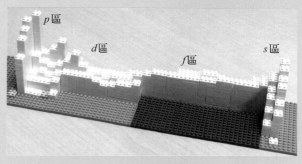

拿掉過渡金屬，將第2族鹼土族金屬與第13族硼族並排，這種短週期表類型的立體週期表會形成更流利的「山」與「谷」起伏。

骨頭週期表

各種語言的骨骼 ｜ 骨頭名稱 ｜ 骨頭部分或骨頭相關名稱

Calcium（鈣）與Calcaneus（跟骨）語源上是共通的，Radium（鐳）與Radius（橈骨）也是。

																2 **Hi** Hip bone 髖骨	
												5 **B** Bone 英語的骨頭	6 **C** Capitate 頭狀骨	7 **N** Nasal 鼻骨	8 **O** Occipital 枕骨	9 **F** Fibula 腓骨	10 **Ne** Neck bone 頸椎骨
												13 **Al** Ala of ilium 髂骨翼	14 **Si** Isciam 坐骨 Sciatic 坐骨的	15 **P** Parietal 頂骨	16 **S** Sphenoid 蝶骨	17 **Cl** Clavicle 鎖骨	18 **Ar** Articular 關節的～
25 **Mn** Mandible 下頜骨	26 **Fe** Femur 股骨	27 **Co** Coccyx 尾骨	28 **Ni** Nasion 鼻根點	29 **Cu** Cuboid 骰骨	30 **Zn** Zygomaticofacial foramen 顴面孔	31 **Ga** Crista Galli 雞冠	32 **Ge** Groove 溝	33 **As** Axis 樞椎（軸椎）	34 **Se** Sesamoid 種子骨	35 **Br** Bregma 前囟（冠矢點）	36 **Ko** Кость 俄羅斯語的骨頭
43 **Tq** Triquetrum 三角骨	44 **Ru** Ramus of mandible 下頜枝	45 **Rh** Ramus of ischium 坐骨枝	46 **Pd** Pedicle 椎弓根	47 **Ag** Angle of rib 肋骨角	48 **Cd** Coronoid process 喙狀突	49 **In** Incus 砧骨	50 **Sp** Scaphoid 舟狀骨（腕骨）	51 **St** Stapes 鐙骨	52 **Te** Temporal 顳骨	53 **I** Ilium 髂骨	54 **Xe** Xiphoid process 劍突
75 **Re** Red bone marrow 紅骨髓	76 **Os** Os 拉丁語的骨頭	77 **Ir** Inferior nasal concha 下鼻甲	78 **Pt** Patella 髕骨	79 **Au** Auditory ossicles 聽小骨	80 **Ha** Hamate 鉤狀骨	81 **Tl** Talus 距骨	82 **Pb** Pubis 恥骨	83 **Bi** Body of incus 砧骨體	84 **Po** Porus 孔	85 **At** Atlas 寰椎	86 **Rn** Radial notch 橈骨切跡
107 **Bh** Body of hyoid 舌骨體	108 **Hs** Humerus 肱骨	109 **Mt** Metatarsal 蹠骨	110 **Ds** Distal phalanx 遠側指（趾）骨	111 **Rg** Ring apophysis 環狀骨骺	112 **Cn** Canalis incisivus 門齒管	113 **Nh** Nasal notch 鼻切跡	114 **Fl** Floating ribs 浮肋	115 **Mc** Metacarpal 掌骨	116 **Lv** Clivus 斜坡	117 **Ts** Turkish saddle 蝶鞍	118 **Og** Orbital margin 眶緣

61 **Pm** Pisiform 豆狀骨	62 **Sm** Sacrum 骶骨	63 **Eu** External acoustic meatus 外耳道	64 **Gd** Groove for Sigmoid sinus 乙狀竇溝	65 **Td** Trapezoid 小多角骨	66 **Zy** Zygomatic 顴骨	67 **Ho** Hone 日語的骨頭	68 **Et** Ethmoid 篩骨	69 **Tm** Trapezium 大多角骨	70 **Yb** Yellow bone marrow 黃骨髓	71 **Lu** Lunate 月狀骨
93 **Np** Nasopharyngeal meatus 鼻咽道	94 **Pu** Pubic arch 恥骨弓	95 **Am** Angle of mandible 下頜角	96 **Cm** Cuneiform 楔骨	97 **Bk** Base of skull 顱底	98 **Cp** Carpal 腕骨	99 **Es** Epiphysis 骨骺	100 **Fm** Foramen magnum 枕骨大孔	101 **Md** Middle phalanx 中側指骨	102 **No** Nasolacrimal canal 鼻淚管	103 **Lr** Lumbar vertebra 腰椎

元素收藏（銅板＆氣體篇）

為了元素收藏家，市面上有販賣做成硬幣狀的元素標本。硬幣正面寫著元素符號相關的資訊（尚不完整）。

下圖是按照週期表順序封入鈍氣的氣體放電管，事實上是從上到下發光（從英國進口的），可看得出各有各獨特的顏色。即使電壓相同，氖也是最明亮的。用光譜儀來看，可觀察到各有特色的光譜。

筆者以前就有在蒐集鑭系金屬的單質、氧化物及礦物。10年前左右買到標本時還有漂亮的金屬光澤，儘管為了不讓標本接觸到空氣，將之浸到油中，但現在無論哪個標本都整個變黑了。另一方面，封入鈍氣的標本（左側照片）至今依舊維持著光輝。蒐集元素時，建議大家也要注意保存方法。

氦　　　氖

鈦
239g（比重 4.54）

鎂
92g（比重 1.74）

銅 470g
（比重 8.96）

鎢
1048g（比重 19.4）

鋯
350g（比重 6.51）

碳 97g
（比重 2.26）

直徑35.3mm、高55.0mm（體積52.89cm^3）的元素單質標本，是能放在手心的大小，但鎢也有約1kg。拿過輕的元素後再拿鎢，任誰都會相當驚訝，還有人想說是不是用磁鐵吸在桌子上。這些標本是觀察他人反應的好東西。

元素收藏（色彩毒豔的鈾礦石）

●**板鉛鈾礦**（Curite，Pb$_3$(UO$_2$)$_8$O$_8$(OH)$_6$）

以居禮伉儷取名的礦物，放射性極高，有著鮮豔的橘色（鈾礦石顏色大多很誇張）。然而板鉛鈾礦無螢光性，並非所有鈾礦石都會散發螢光。將蓋格計數器放在此標本1cm處計測 α、γ 射線，劑量超過100 μSv/h，所以平常必須嚴密地用金屬遮蔽，放進金庫保存。

●**磷鈣鈾礦**（autunite，Ca(UO$_2$)$_2$(PO$_4$)$_2$），別名「鈣鈾雲母」，一照射紫外線，會散發出強烈的黃綠色螢光。與氧結合的六價鈾離子（UO$_2$）$^{2+}$一旦接收到紫外線，最外殼層的電子會從「基態」變成高能量的「激發態」。該電子最終會自然地回到基態，多餘的能量便轉換成黃綠色波長的光散發出來。

●**硝酸鈾醯**（uranyl nitrate，UO$_2$(NO$_3$)$_2$）

黃色結晶，散發強烈綠色螢光，可用作著色劑，或者分析用試劑。

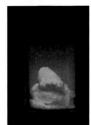

●**鈾玻璃**是加了微量鈾當著色劑的玻璃。照射紫外線後會如圖所示，發出鮮豔的螢光綠。發出紫外線的燈從以前就是用鈾玻璃製造的。鈾玻璃能製成玻璃器皿或容器，不過現在很難用鈾來當著色劑，所以市面上僅有之前的古董流通。鈾玻璃中含有微量鈾，對人體的影響微乎其微。

驚人的兒童用實驗組

右圖是1950年代美國吉爾伯特公司在美國販售的**教學用核能實驗組**（Atomic Energy Lab）。裡面有做為射源的4種鈾礦石，以及 β、α 射源（^{210}Pb）、γ 射源（^{65}Zn）、β 射源（^{106}Ru）及短半衰期的 α 射源（^{210}Po），是很正式的實驗組。還有閃爍鏡、驗電器、蓋格計數器、威爾遜雲室，可做150種以上的實驗，甚至放了用漫畫畫的入門書。然而若是兒童誤食放射源會有危險，所以很快就從市場銷聲匿跡。當時售價為50美元，不過現在在收藏家之間有人用100倍的高價收購。

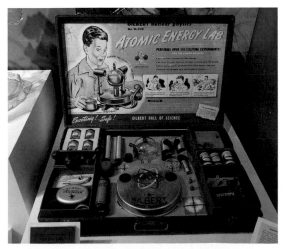

位於北愛爾蘭伯發斯特的阿爾斯特博物館中展示之物。
圖像：shutterstock.com

日語元素名稱

英語元素名

發現者的名字

リヴァー・サックス：鎢おじさん―化学と過ごした私の少年時代、早川書房（2003）

中靖三：鎂は宇宙の旅人、幻冬舎（2012）

ーターアトキンス：元素の王国、草思社（1996）

田たかよし：元素周期表で世界は読み解ける、光文社（2012）

原聰：新鉱物発見物語、岩波書店（1996）

団法人日本化学会：嫌われ元素は働き者、大日本図書（1992）

田進一：銅のおはなし、日本規格協会（1985）

木敏之、森口康夫：鈦のおはなし、日本規格協会（1995）

田俊雄：ちょっとマニアな鉱物図鑑、水山産業出版部（2011）

澤直：最新銅の基本と仕組み、秀和システム（2010）

辺正勝監修：トコトンやさしい鐡の本、日刊工業新聞社（2012）

垣道夫：カーボン古くて新しい材料、森北出版（2011）

立吟也監修：希土類とアクチノイドの化学、丸善（2008）

田暢司：高校教師が教える化学実験室、工学社（2012）

澤直：よくわかる鋁の基本と仕組み、秀和システム（2010）

ル・ヘルマン：竹内敬人監修金の物語、大月書店（2006）

レン・フィッツジェラルド：竹内敬人監修氯の物語、大月書店（2006）

オドア・グレイ：世界で一番美しい元素図鑑、創元社（2010）

田稔、野田春彦、上村洸、山口嘉夫：理化学英和辞典、研究社（1998）

藤勝裕：マンガでわかる元素118、サイエンス・アイ新書 ソフトバンククリエイティブ（2011）

藤文平：元素生活 Wonderful Life With The ELEMENTS、化学同人（2009）

レン・フィッツジェラルド：氧の物語（化学の物語）、大月書店（2006）

極一樹：ちょっとわかればこんなに役に立つ 中学・高校化学のほんとうの使い道、実業之日本社（2012）

川倫央：蛍光鉱物 & 光る宝石ビジュアルガイド、誠文堂新光社（2009）

木正博：鉱物図鑑―美しい石のサイエンス、誠文堂新光社（2008）

川倫央：光る石ガイドブック―蛍光鉱物の不思議な世界、誠文堂新光社（2008）

水晴雄、青木義和：宝石のはなし、技報堂出版（1989）

機合成化学協会：化学者たちの感動の瞬間―興奮に満ちた51の発見物語、化学同人（2006）

本吉郎、川本正良：化学ドイツ語の解釈研究、三共出版（1966）

田滋、井上尚英：科学英語語源小辞典、松柏社（1999）

山隆造、安楽豊満：はじめての化学実験、オーム社（2000）

藤勝裕：絶対わかる化学の基礎知識、講談社（2004）

保内賢、妹尾学、篠塚則子：身の回りの化学実用品ノート 豊かな生活のために、工業調査会（1985）

崎昶：化学の常識なるほどゼミナール、日本実業出版社（1984）

アシモフ：科学の語源250、共立出版（1972）

研出版編集部：視覚でとらえるフォトサイエンス化学図録、数研出版（1999）

省堂編修所：三省堂化学小事典、三省堂（1993）

Stenesh：生理・生化学用語辞典、化学同人（1985）

木正博：鉱物分類図鑑―見分けるポイントがわかる、誠文堂新光社（2011）

ョージ・フレデリック・クンツ：図説宝石と鉱物の文化誌、原書房（2011）

津剛吉：家庭内化学薬品と安全性、南山堂（1990）

崎幹夫：化合物ものしり事典、講談社（1984）

学同人編集部：新版 実験を安全に行うために、化学同人（1993）

久俊博、長田洋子、宮澤三雄、浅田泰男、小池一男、西尾俊幸、石塚盛雄、神野英毅：生体分子化学、共立出版（2005）

テファン・ゴールドバーグ：臨床に役立つ生化学、総合医学社（1997）

本吉郎：英和・和英新化学用語辞典、三共出版（1970）

アーズ・ビゾニー：ATOM―原子の正体に迫った伝説の科学者たち、近代化学者（2010）

尾永康：中国化学史、朝倉書店（1995）

正繻：朝鮮科学技術史研究、皓星社（2001）

屋政彦、冨田軍二：英語科学論文用語辞典、朝倉書店（1960）

本生化学会：代謝マップ―経路と調節―、東京化学同人（1980）

水藤太郎：薬学ラテン語、南山堂（1949）

田恒夫、ATR 人間情報科学研究所：英語リスニング科学的上達法英語上達への第一歩、講談社（2005）

刊 理科の探検（RikaTan）2012 年 夏号、文理（2012）

大槻真一郎：科学用語語源辞典 ラテン語篇―独―日―英、同学社（1979）

ジェレミー・バーンシュタイン：鈽―この世で最も危険な元素の物語、産業図書（2008）

梶雅範：メンデレーエフの周期律発見、北海道大学図書刊行会（1997）

ラボアジエ：化学命名法（1976 年）（古典化学シリーズ〈6〉）、内田老鶴圃新社

三吉克彦：はじめて学ぶ大学の無機化学、化学同人（1998）

B. カレー磷：化学元素のはなし、東京図書（1987）

化学同人編集部：別冊化学 ケミストを魅了した元素周期表 `よりマニアックな楽しみ方`2013 年 05 月号、化学同人（2013）

桜井弘監修：ニュートン式超図解 最強に面白い!! 周期表、ニュートンプレス（2019）

桜井弘：生命元素事典（OHM BIO SCIENCE BOOKS）、オーム社（2006）

増田秀樹、福住俊一、穐田宗隆、伊東忍、小夫家芳明、榊茂好、実川浩一郎、鈴木正樹、舩橋靖博、引地史郎、山内脩、渡辺芳人：生物無機化学―金属元素と生命の関わり（錯体化学会選書）、三共出版（2005）

新井和孝：切手の元素周期表を作りました！、月刊化学 Vol. 74, No.10、化学同人（2019）p.53-55

化学工業日報社：特集「国際周期表年」、"元素の切手 大集合"、日刊化学工業日報 2019 年 7 月 16 日（火曜日）号

Michael Gaft, Renata Reisfeld, Gerard Panczer：Modern Luminescence Spectroscopy of Minerals and Materials、Springer（2005）

Donald M. Ayers：Bioscientific Terminology: Words from Latin and Greek Stems、University of Arizona Press（1972）

Hugh Aldersey-Williams：Periodic Tales: A Cultural History of the Elements, from Arsenic to Zinc、Viking（2011）

William Smith, John Lockwood：Chambers Murray Latin-English Dictionary、Chambers; Reissue, Subsequent 版（1994）

Robert Maltby：A Lexicon of Ancient Latin Etymologies、Francis Cairns（1993）

Charlton Thomas Lewis：An Elementary Latin Dictionary、Oxford University Press（1930）

Charles Storrs Halsey：An etymology of Latin and Greek、HardPress Publishing（2013）

Charlton T. Lewis, Charles Short：A Latin Dictionary、Oxford（1969）

Richard E. Stoiber, Richard E. Stoiber Stearns Anthony Morse：Crystal Identification With The Polarizing Microscope、Springer（1994）

John Scarborough：Medical and Biological Terminologies、University of Oklahoma Press（1992）

Bill Casselman,Ronald Casselman,Judith Dingwall：A Dictionary of Medical Derivations: The Real Meaning of Medical Terms、Parthenon Publishing（1998）

David R.：LangslowMedical Latin in the Roman Empire、Oxford University Press（2000）

Brian Knapp：Potassium to Zirconium (P to Z)（Elements）、Atlantic Europe Publishing（2002）

Richard Hart：Chemistry Matters、Oxford University Press（1987）

Dr Eric Trimmer：SELENIUM、ERIC TRIMMER（1988）

Brian Knapp：Lead and Tin（Elements）、Atlantic Europe Publishing（1996）

Brian Knapp：Francium to Polonium (F to P)（Elements）、Atlantic Europe Publishing（2001）

Brian Knapp：Hydrogen and the Noble Gases（Elements）、Atlantic Europe Publishing（1996）

Brian Knapp：Calcium and Magnesium（Elements）、Atlantic Europe Publishing（1996）

David Acaster：Transition Elements（Cambridge Advanced Sciences）、Cambridge University Press（2001）

Mark Ellse：Mechanics & Radioactivity（Nelson Advanced Science）、Nelson Thornes; Ill 版（2003）

Rex A.Ewing：Hydrogen-Hot Stuff Cool Science、Pixyjack Pr Llc（2004）

Brian Knapp：Iron Chromium and Manganese（Elements）、Atlantic Europe Publishing Co Ltd.（1996）

C.H.Langford：Inorganic Chemistry (Second Edition)、OXFORD（1994）

元素單字大全

出版／楓書坊文化出版社
地址／新北市板橋區信義路163巷3號10樓
郵政劃撥／19907596　楓書坊文化出版社
網址／www.maplebook.com.tw
電話／02-2957-6096
傳真／02-2957-6435
作者／原島廣至
監修／岩村秀
翻譯／李依珊
企劃編輯／陳依萱
校對／周季瑩、周佳薇
港澳經銷／泛華發行代理有限公司
定價／480元
出版日期／2022年3月

國家圖書館出版品預行編目資料

元素單字大全／原島廣至作；李依珊翻
譯. -- 初版. -- 新北市：楓書坊文化出版
社, 2022.03　面；　公分
ISBN 978-986-377-727-4（平裝）

1. CST: 元素 2.CST: 元素週期表
3.CST: 詞彙

348.21　　　　　　　　110014673